CATALOGUE

DES

INSECTES COLÉOPTÈRES

DU DÉPARTEMENT DE LA COTE-D'OR (1).

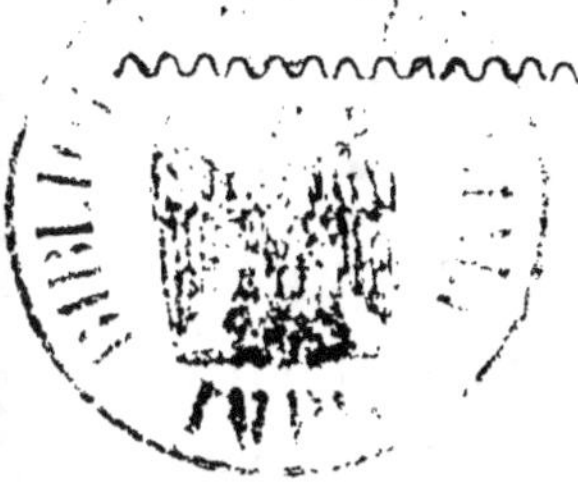

AVERTISSEMENT.

Le volume des *Mémoires de l'Académie de Dijon* publié en 1854 contient un travail de M. Barbié, ayant pour titre : *Catalogue méthodique des Mollusques terrestres et fluviatiles du département de la Côte-d'Or.*

M. Brullé, professeur à la Faculté des sciences de Dijon et membre de l'Académie (dans le but, sans doute, de former, par la réunion de travaux de même nature sur les autres parties de la zoologie, un catalogue général comprenant les différentes classes d'animaux qui se trouvent dans le département de la Côte-d'Or), m'a demandé le catalogue des insectes de l'ordre des Coléoptères trouvés dans ce département. C'est ce travail que j'ai l'honneur d'offrir aujourd'hui à l'Académie, et j'ai l'espoir qu'il sera bientôt suivi d'autres travaux de ce genre.

---

(1) Ext. des *Mém. de l'Acad. de Dijon*, années 1854 et suiv.

Pour les personnes étrangères à l'entomologie, un catalogue des Coléoptères d'un département peut paraître la chose la plus simple et la plus facile. Malheureusement, il n'en est point ainsi; et ni le temps depuis lequel je collige des insectes de cet ordre dans les environs de Dijon, ni les notes nombreuses que j'ai recueillies, ni enfin les renseignements qui m'ont été fournis par plusieurs entomologistes, ne peuvent me faire illusion et me permettre de présenter mon catalogue comme un ouvrage complet ou exempt d'erreurs.

Sans entrer dans l'examen de toutes les causes qui ont dû produire des lacunes et des imperfections dans mon travail, j'indiquerai ici les principales de ces causes, afin de mettre le lecteur à même d'apprécier l'étendue des résultats qu'elles ont nécessairement occasionnés.

La première et la principale existe dans la difficulté même de la recherche des insectes. Cette recherche, ou la *chasse* de ces animaux, varie tellement, suivant les différentes espèces, qu'il serait facile de composer sur ce sujet un volumineux traité. Ainsi, par exemple, la chasse d'une espèce devra avoir lieu le soir, au crépuscule; celle d'une autre le matin; celle d'une autre au milieu du jour, par un soleil ardent; une espèce se trouvera au printemps, une autre en été, etc. L'état de l'atmosphère n'est même pas indifférent pour arriver à la découverte de certains insectes, dont les uns se trouveront par un temps chaud et orageux, les autres par un temps humide, etc., etc. L'*habitat* si varié des Coléoptères est limité de telle sorte pour certaines espèces, qu'on ne parvient à les découvrir qu'à l'aide des plus longues et des plus minutieuses recherches et après bien des tentatives inutiles, surtout si l'on ne connaît pas *a priori* la retraite de ces espèces. Telle espèce de Coléoptère, par exemple, vit exclusivement sur une espèce particulière de plante, quelquefois rare dans la localité ; sa recherche vient donc se compliquer de celle de la plante, qu'il faut préalablement connaître ; telle autre espèce se trouvera dans l'intérieur du bois mort ; telle autre dans les champignons, les lycoperdons, les agarics ou les bolets ; telles autres encore dans les végétaux en putréfaction, dans le fumier, sous la mousse, sous les feuilles mortes, dans les cadavres, dans les excréments, dans les eaux stagnantes, dans l'eau vive et même sous les chutes au bas des glacis, dans les caves, dans la tannée des serres chaudes, dans les couches à melons, dans les fourmilières, dans les nids que les guêpes se construisent dans la terre, dans ceux des frelons, dans ceux des abeilles maçonnes, dans les *helix*, etc., etc. La petitesse de la taille de certaines espèces est un obstacle puissant qui s'oppose à leur découverte, et dont la meilleure vue ne permettrait souvent pas de triompher sans l'emploi de procédés artificiels. Cette énumération, si rapide et si peu complète qu'elle soit, peut déjà faire comprendre facilement que bien des espèces ont dû jusqu'ici échapper à mes recherches.

Une autre cause se trouve dans l'étendue du département de la Côte-d'Or (876,000 hectares ou 550 lieues carrées environ), comparée surtout au temps limité qu'il m'est donné de consacrer à l'étude et à la chasse des insectes. Il en résulte que mes recherches, bornées presque toujours à un rayon peu étendu autour de Dijon, n'ont embrassé qu'une partie du territoire sur lequel elles auraient dû porter ; que l'autre partie est restée en dehors, et qu'ainsi les espèces particulières aux localités que je n'ai pas visitées me sont encore inconnues.

Une autre cause encore, dont le résultat vient s'ajouter à ceux que je viens de signaler, consiste dans l'insuffisance des moyens que j'ai eus à ma disposition pour la détermination des espèces que j'ai récoltées ou qui m'ont été communiquées. La Bibliothèque publique de Dijon ne contient aucun des nombreux ouvrages modernes qui traitent des Coléoptères, et, d'un autre côté, le prix élevé de la plupart de ces ouvrages ne m'a permis d'en réunir qu'un certain nombre ; de sorte que, pour certaines familles de l'ordre dont je m'occupe, je me trouve sans autres ouvrages descriptifs que des traités généraux, déjà anciens, sur l'ordre entier des Coléoptères, traités nécessairement incomplets aujourd'hui et ne pouvant remplacer les travaux monographiques. J'ai dû alors quelquefois avoir recours à l'obligeance d'entomologistes parisiens, notamment de MM. *Aubé* et *Fairmaire*, auxquels la science est redevable de plusieurs travaux importants. Malheureusement cette ressource n'a pu remplacer qu'en partie pour moi l'insuffisance des moyens de détermination. En effet, la difficulté de déterminer rigoureusement certains insectes, et par suite la perte de temps qui résulte de ce travail, m'ont toujours fait garder une certaine réserve, et je me suis fait un devoir de limiter les demandes que j'avais à faire sous ce rapport aux entomologistes que je viens de citer. Un certain nombre d'espèces est ainsi resté non déterminé, et n'a pu dès lors figurer sur mon catalogue.

On peut comprendre maintenant l'influence qu'ont eue ces obstacles sur mon travail ; je n'ai pas hésité à les avouer, et aucun de ceux qui se livrent à l'étude d'une partie quelconque de l'histoire naturelle n'aurait, à ma place, cherché à les dissimuler. Le plus grand des naturalistes, l'immortel auteur du *Systema naturæ* lui-même, éprouvait aussi des difficultés de plus d'une sorte, et il ne nous cache pas qu'il a rencontré *de tous côtés des ronces et des épines* (1).

Malgré les imperfections que j'ai signalées d'une manière générale en en indiquant les causes, je dois cependant reconnaître que mon catalogue est beaucoup plus complet, tant sous le rapport du nombre des espèces énumérées que sous celui des indications fournies sur la plupart de ces espèces, que les autres catalogues du même genre que j'ai vus et qui comprenaient les Coléoptères d'autres départements. Je suis assuré que les personnes qui voudront se livrer à la recherche des Coléoptères dans le département de la Côte-d'Or, et surtout dans les environs de Dijon, y trouveront des renseignements utiles à l'aide desquels elles pourront découvrir promptement un grand nombre d'espèces dont plusieurs leur auraient nécessité bien des courses et des tentatives infructueuses.

Indépendamment de mes recherches personnelles depuis près de vingt années et des notes que j'ai recueillies, j'ai trouvé, de la part des entomologistes qui se sont occupés des Coléoptères de ce département, le plus grand empressement à m'aider dans mon travail et à me communiquer les renseignements dont j'avais besoin et qui m'ont été si utiles.

Je dois citer en première ligne M. Emy, ancien capitaine d'artillerie en retraite et ancien membre de la Société ento-

---

(1) « Intravi itaque densas umbrosasque Naturæ silvas, hinc inde hor-
« rentes acutissimis et hamatis spinis, evitavi quotquot licuit plurimas,
« at neminem tam esse circumspectum didici, cujus non diligentia sibi
« ipsi aliquando excidat, ideoque ringentium Satyrorum cachinnos, meis-
« que humeris insilientium Cercopithecorum exsultationes sustinui! in-
« cessi viam et quem dederat cursum fortuna peregi. » (LINNE, *Systema
naturæ*. édition 13 (12): *introitus* in fine.)

mologique de France, demeurant à Rouvray, qui a colligé pendant un grand nombre d'années des Coléoptères dans cette localité et dans les environs, et qui m'a communiqué avec la plus grande complaisance les notes qu'il possédait sur ces insectes.

Je citerai en second lieu M. Arias Teijeiro, ancien magistrat espagnol, membre de la Société entomologique, demeurant à Beaune, auquel je suis redevable de notes et renseignements nombreux sur les espèces de cette ville et des environs, notes qu'il s'est empressé de mettre en ordre et de rédiger dans l'intérêt de mon travail.

Pour les espèces des environs de Beaune, je citerai aussi les renseignements qui m'ont été communiqués par M. Péragallo, premier commis de l'administration des contributions indirectes, demeurant actuellement à Mâcon, mais qui a habité Beaune pendant plusieurs années. MM. Bourlier, professeur au Lycée de cette ville, et André, élève de ce Lycée, m'ont également fait connaître quelques espèces qu'ils avaient trouvées dans les environs de Beaune.

Pour les espèces des environs de Dijon, je citerai M. Nodot, directeur-conservateur du Musée d'histoire naturelle de cette ville, membre de l'Académie, qui a guidé mes premiers pas dans la carrière entomologique. M. Nodot m'avait permis, lorsque je commençais l'étude des Coléoptères, de prendre copie des notes manuscrites qu'il avait rédigées lorsqu'il recherchait des insectes ; et, si le nom de ce naturaliste ne se trouve pas cité plus souvent dans mon catalogue, c'est que j'ai retrouvé dans les localités qu'il indique la plupart des espèces mentionnées dans ces notes, dont je n'ai alors fait usage dans mon travail que pour les espèces non trouvées par moi dans ces localités.

M. Tarnier, qui s'est livré avec le plus grand zèle à la chasse des insectes, et qui a fait en 1855 une excursion entomologique en Andalousie et à Tanger, m'a également fourni des renseignements nombreux sur les espèces des environs de Dijon, et notamment sur celles qu'il a trouvées à Fixin ou dans les environs.

M. Dudrumel, préparateur d'histoire naturelle à la Faculté des sciences de Dijon, m'a communiqué plusieurs renseignements utiles sur les espèces des environs de Dijon, et d'autres encore plus précieux pour moi sur celles des environs de Pontailler-sur-Saône.

M. Lombard, ancien principal du collége de Saulieu, botaniste distingué, m'a, il est vrai, fourni peu de notes sur les insectes; mais il n'en a pas moins contribué pour une large part à mon travail, en me faisant recueillir à Villenote, près Semur, un grand nombre de petites espèces de Coléoptères qu'il avait précédemment découvertes dans cette localité.

M. Saintpère, médecin à Dijon, bien qu'ayant récolté peu d'insectes dans ce pays, a cependant trouvé quelques Coléoptères fort rares, surtout aux environs de l'Etang-Vergy.

J'ai eu soin de distinguer, en les renfermant entre des parenthèses, les indications qui émanaient de ces entomologistes, dont je cite les noms après chacune de ces indications.

J'ai suivi, pour le classement des espèces, des genres et des familles, l'ordre adopté par M. Gaubil dans son *Catalogue synonymique des Coléoptères d'Europe et d'Algérie*, d'après la classification proposée par les entomologistes allemands. Cet ordre peut bien laisser quelque chose à désirer, surtout en ce qui concerne la place respective de certaines familles; c'est là un inconvénient inhérent au remplacement de la classification fondée sur le système tarsal par une autre, trop récente encore pour ne pas éprouver par la suite des modifications importantes.

M. Barbié a cru utile d'adopter, dans son catalogue des Mollusques, les noms français concurremment avec les noms latins. C'est à dessein que je n'ai pas suivi la même marche, par la raison que les noms français ne sont plus usités depuis longtemps en entomologie, et qu'ils ne tarderont pas à disparaître complétement de la nomenclature pour les autres branches de la zoologie.

J'ai dû, pour ne pas augmenter considérablement l'étendue de ce catalogue, restreindre beaucoup la synonymie, à laquelle M. Barbié a donné une assez large place. Par le même motif, je me suis vu forcé de supprimer presque complétement l'indication des variétés dont certaines espèces de Coléoptères offrent souvent un nombre considérable.

L'habitat, au contraire, que je considère comme la partie essentielle d'un pareil travail, a reçu tous les développements que j'étais à même de lui donner. Pour rendre plus clairs les renseignements relatifs à cet *habitat*, je les ai ordinairement, et quand cela m'a été possible pour chaque espèce, divisés ainsi qu'il suit : 1° indication du plus ou moins de rareté de l'espèce; 2° indication de son *habitat* général, indépendant d'une localité particulière; 3° indication de *l'époque d'apparition* de cette espèce; 4° enfin, indication des différentes localités dans lesquelles elle a été trouvée.

Arg. ROUGET.

CICINDELÆ.

—

CICINDELA. *Linn.*

1. C. Campestris. *De Géer.* Commune. Sur les chemins, dans les champs et les endroits découverts exposés au soleil; dans les clairières et sur les chemins dans les bois. Paraît dès la fin de mars, ordinairement à l'époque de l'arrivée des hirondelles; mais c'est surtout en avril et mai qu'elle se trouve le plus communément; elle vole avec une grande facilité, ce qui la rend difficile à prendre sans filet. Cette espèce répand, lorsqu'on la saisit, une odeur de rose assez agréable, qui ne tarde pas à dégénérer, si l'on tient l'insecte un peu de temps, en une odeur désagréable ressemblant à celle de la plupart des *carabiques.* Je l'ai trouvée quelquefois en assez grande quantité à la combe Saint-Joseph et à la Combe-aux-Serpents; trouvée aussi dans d'autres localités : Dijon, dans les jardins avoisinant les remparts, au bord du Canal, dans l'intérieur du Parc sur le chemin circulaire des voitures, etc. Corcelles-les-Monts. Flavignerot. Chambolle. Reulle-Vergy. (Fixin; mai et commencement de juin. — M. *Tarnier.*) (Beaune; printemps et été. — M. *Arias.*) (Rouvray; très-commune. — M. *Emy.*) Cet insecte a aussi été trouvé le 30 septembre, mais une seule fois, près de Gilly.

J'ai trouvé la larve de cette espèce dans des trous qu'elle s'était creusés dans le sol battu d'un chemin peu fréquenté, dans les bois de Chaignay, en automne.

2. C. Hybrida. *Linn.* (Auxonne; Maxilly-sur-Saône. — M. *Tarnier.*)

3. C. Germanica. *Fabr.* J'ai trouvé cette espèce une seule fois, mais abondamment, à Chevigny-Saint-Sauveur, au nord du petit bois qui se trouve devant le château, dans un

pàquier, le 6 juillet ; elle ne vole pas comme la *Campestris*, mais elle court avec une extrême agilité et se retire dans les gerçures de la terre. (4 juillet, même localité. — M. *Tarnier*.) (Au bord de la route de Langres, près de Dijon. — M. *Dadrumel*.) (Semur. — M. *Emy*.)

CARABI.

ELAPHRUS. *Fabr.*

4. E. ULIGINOSUS. *Fabr.* (Beaune; au bord d'une mare; mai. — M. *Arias*.) (Rouvray. — M. *Emy*.)

5. E. CUPREUS. *Duft*. Rare. Dijon, fontaine près de l'Asile des aliénés, sur la matière verte à la surface de l'eau du ruisseau qui commençait à se dessécher; 27 mai. Gevrey, sous des herbes et des feuilles dans le bois d'aulnes près du petit étang de Satenay; 5 septembre. (Sur la boue au bord de cet étang; 18 juin. — M. *Tarnier*.) (Rouvray. — M. *Emy*.)

6. E. RIPARIUS. *Fabr*. Commun. Sur la boue un peu humide au bord des rivières et surtout des eaux stagnantes; avril à juillet. Dijon, bord de l'Ouche entre le Parc et Longvic; Creux-d'Enfer; fontaine près de l'Asile des aliénés. (Beaune; au bord d'une mare près de la Gare du chemin de fer. — M. *Péragallo*.) (Savigny-sous-Beaune, Fontaine-Froide. — M. *Arias*.)

BLETHISA. *Bonelli*.

7. B. MULTIPUNCTATA. *Linn*. (Rouvray. Très-rare; 31 juillet 1828, sous une pierre dans le ruisseau à sec de l'étang du Marais; 24 juin 1844, sous des feuilles dans la grande mare de la Corne-des-Trois-Bois. — M. *Emy*.)

NOTIOPHILUS. *Duméril.*

8. N. Aquaticus. *Linn.* Commun. Dans les lieux humides, sous les pierres, la mousse, les feuilles mortes, etc.; mai et juin. Par les temps chauds, il se tient dans les endroits ombragés ou exposés au nord; après la pluie, il court sur le sable ou sur la terre dans les endroits découverts, surtout s'il fait du soleil. Dijon; dans la ville même, dans les cours et les jardins; autour de la ville sur les chemins; combe Saint-Joseph sous les pierres, janvier; Combe-aux-Serpents; au bas du mur au nord du clos de Pouilly. Talant, près de la Fontaine-aux-Fées. Plombières, sur le viaduc de Neuvon, 1er novembre. Chambolle, 17 septembre. Villenote, 24 septembre. (Beaune; au bord du ruisseau. — M. *Arias.*) (Rouvray. — M. *Emy.*)

9. N. Semipunctatus. *Fabr.* Plus rare que l'espèce précédente; même *habitat*, mêmes localités et aux mêmes époques. Dijon, etc. (Beaune. — M. *Arias.*)

Variété. Biguttatus. *Fabr.* Plus commune que le type de l'espèce, mais plus rare cependant que l'espèce précédente; aussi dans les mêmes conditions et aux mêmes époques. Dijon. Flavignerot, etc. (Beaune. — M. *Arias.*) (Rouvray. — M. *Emy.*)

10. N. Quadripunctatus. *Fabr.* Très-rare. Mêmes conditions et mêmes époques que les précédents. Dijon. (Beaune. — M. *Arias.*) (Rouvray. — M. *Emy.*)

OMOPHRON. *Latr.*

11. O. Limbatum. *F.* (Trois exemplaires de cette espèce ont été trouvés par M. *Arias* : à Savigny près Beaune, près de la source de la Fontaine-Froide, dans le sable au bord du ruisseau; mai et juin 1849.)

NEBRIA. *Latr.*

12. N. Brevicollis. *Fabr.* Très-commune. Dans les endroits humides, sous les pierres, les feuilles mortes, les écorces au pied des saules, etc., surtout dans le voisinage de l'eau. Mars à juin, novembre. Dijon, bord de l'Ouche, bord de Suzon. (Fixin. — M. *Tarnier.*) (Beaune. — M. *Arias.*) (Rouvray. — M. *Emy.*)

LEISTUS. *Froelich.*

13. L. Spinibarbis. *F.* Assez rare. Sous les pierres dans les endroits humides, le plus souvent dans le voisinage de l'eau. Printemps et automne. Dijon, chemin de Daix et chemin entre celui de Fontaine et celui d'Ahuy. Flavignerot, dans le bas de la combe au bord du pré. Beaune-la-Roche, sur la montée du tunnel de Blaisy. (Beaune. — M. *Arias.*) (Rouvray, pas rare. — M. *Emy.*)

14. L. Fulvibarbis. *Hoffm.* Pas rare. Mai et commencement d'octobre. Sous les pierres et la mousse contre le mur qui borde le ruisseau de la fontaine près de l'Asile des aliénés à Dijon. (Beaune. — M. *Bourlier.*)

15. L. Spinilabris. *F.* Dijon, pas très-rare, au bas du mur au nord du clos de Pouilly, près du chemin de Ruffey, sous les feuilles sèches, 12 mai, 28 octobre; fontaine près de l'Asile des aliénés, sous les pierres, 30 mai; (au bas du mur au nord du Parc, sous les pierres, 2 mai. — M. *Dudrumel*). Gevrey, au bord du chemin de Saulon, près d'un ruisseau, avant le bois, dans le terreau au pied d'un saule creux, 27 août; sous les détritus dans le bois d'aulnes près du petit étang de Satenay, 5 septembre. (Beaune. — M. *Arias.*) (Rouvray; sous les pierres; octobre; pas commun. — M. *Emy.*)

CYCHRUS. *F.*

16. C. Rostratus. *Linn.* Rare. Sous les pierres et la mousse du pied des arbres, dans les parties un peu humides des bois de montagne; mai. Fixin. Concœur, bois de Mantuan. (Pasques; sous des fagots; fin juin. — M. *Nodot.*) (Beaune. — M. *Arias.*)

17. C. Attenuatus. *Fabr.* Moins rare que le précédent; dans les mêmes conditions. Fin avril, mai, juillet, août, septembre, octobre. Corcelles-les-Monts, Mont-Afrique. Combe de Flavignerot. (Fixin. — M. *Tarnier.*) Curley, bois de Mantuan, sous un champignon. (Savigny-sous-Beaune, bois de la Fontaine-Froide. — M. *Arias.*) (Rouvray. — M. *Emy.*)

PROCRUSTES. *Bon.*

18. P. Coriaceus. *Linn.* Pas rare. Sous les pierres ou courant par terre, le soir surtout, sur les chemins ou dans les champs; se trouve aussi dans les bois. Mai, juin, octobre. Environs de Dijon, surtout du côté de Fontaine et d'Ahuy; dans le lit de Suzon lorsqu'il est à sec, etc. (Fixin. — M. *Tarnier.*) (Beaune. — M. *Arias.*) (Rouvray. — M. *Emy.*)

CARABUS. *Linn.*

19. C. Catenulatus. *F.* Assez commun. Sous les pierres et les mousses du pied des arbres, dans les bois de montagne. Fin avril, mai, juillet, septembre. Flavignerot. Curley, bois des Liards. Chambolle, dans le bois mort au pied d'un arbre et sous des plateaux de bois scié dans une coupe. Concœur, bois de Mantuan, sous des écorces au pied des chênes. Fixin, près de la ferme de la Fortelle, sous des pierres garnies de mousse. (Combe de Gevrey. — M. *Tarnier.*) (Rouvray. — M. *Emy.*)

20. C. Monilis. *F.* Très-commun aux environs de Dijon,

près de la ville, sous les pierres, ou courant par terre sur les chemins peu fréquentés ; on le trouve surtout par les soirées chaudes, après le coucher du soleil, dans les ornières de ces chemins, où il fait la chasse aux *lombries*. Paraît dès le mois de mars, quelquefois même depuis la fin de février jusqu'à la fin de l'été ; mais c'est surtout à la fin de mai qu'on le trouve le plus communément, principalement du côté de Fontaine-lez-Dijon et dans les autres endroits où il y a des vignes, ainsi que dans le lit desséché de Suzon ; on le trouve aussi dans les bois, à Fixin, Gevrey, Chambolle, etc. Autour de Dijon, on ne trouve presque que des exemplaires de couleur uniforme : verte, vert doré, bronzée, vert bleuâtre, bleu d'acier, bleu violet, bleu noirâtre, et la variété *Consitus* à élytres, n'ayant qu'une seule ligne élevée entre chaque rangée de points oblongs élevés ; dans la combe de Flavignerot se trouvent, sous les pierres, en mai, les belles variétés dont les bords latéraux du prothorax et des élytres sont de couleur différente de celle du milieu, ainsi que la variété à cuisses ferrugineuses ; mais ces variétés y sont rares. (Savigny-sous-Beaune, Fontaine-Froide ; sous les pierres et les mousses. — M. *Arias.*)

21. C. CANCELLATUS. *Ill.* Très-commun aux environs de Dijon, sous les pierres, sur les chemins, dans les champs, etc. Fin mars, avril, mai ; trouvé aussi en novembre. Partout autour de la ville, du côté de Fontaine, dans le lit de Suzon, sur le chemin au sud du clos de Montmuzard, etc. Quetigny, et beaucoup d'autres localités. (Beaune ; sous les mousses et les pierres, au printemps, rare. — M. *Arias.*) (Rouvray ; pas très-commun. — M. *Emy.*)

La variété à cuisses ferrugineuses est très-rare.

22. C. GRANULATUS. *Linn.* Gevrey, au bord du petit étang de Satenay, sous la mousse des souches d'aulnes, 27 août, rare. (Pontailler-sur-Saône, sous la mousse humide au pied des arbres dans les bois qui bordent la Saône ; assez commun ; avril, septembre, octobre. — M. *Dudrumel.*)

23. C. Auratus. *Fabr.* Très-commun partout, dans les jardins, les champs et les vignes, sur les chemins, sous les pierres, etc. Fin mars, avril, mai ; plus rare en été. On le trouve souvent sur les chemins au bord des vignes, mangeant des *helix* écrasés. Dijon. Flavignerot. Fixin. Chambolle, etc. (Beaune. — M. *Arias.*) (Rouvray. - - M. *Emy.*)

24. C. Auronitens. *F.* Peu commun. Dans les bois des montagnes, sous les pierres, la mousse du pied des arbres, dans le bas des arbres cariés, sous les piles de bois et les arbres coupés, etc. Depuis la fin d'avril jusqu'au milieu de septembre. Combe de Flavignerot. Fixin. Concœur, bois de Mautuan. Curley, bois des Liards. Chaignay, le matin par terre. (Environs de Beaune. — M. *Arias.*) (Rouvray. — M. *Emy.*)

25. C. Purpurascens. *F.* Pas commun. Sous les pierres, sur les chemins ; moins rare dans les bois sous les pierres et sous les mousses du pied des chênes. Mars, avril ; quelquefois en juillet, août et septembre. Dijon, vieux Suzon ; derrière le Parc du côté de Longvic ; pépinière près de l'écluse de Larrey, etc. Messigny, fontaine de Jouvence. Chambolle. (Beaune. — M. *Arias.*) (Rouvray. — M. *Emy.*)

26. C. Nemoralis. *Müll.* — Hortensis. *F.* Assez commun. Sous les pierres au bord des chemins, ou courant par terre sur les chemins et dans les champs ; plus commun dans les bois. Fin mars, avril, mai. Dijon, du côté de Fontaine, vieux Suzon, derrière le Parc du côté de Longvic, etc. Chambolle. Flavignerot. Messigny, fontaine de Jouvence. Plombières, combe de Neuvon, etc. (Combes de Fixin et de Gevrey. — M. *Tarnier.*) (Beaune. — M. *Arias.*) (Rouvray. — M. *Emy.*)

27. C. Convexus. *F.* Assez commun. Sous les pierres au bord des chemins peu fréquentés, ou courant par terre sur ces chemins. Mars, avril, mai, quelquefois en juillet. Dijon, au nord de la ville, chemin de Ruffey, derrière le Parc du côté de Longvic, près du Canal du côté de la ferme de la Noue, etc. (Rouvray, mont de Lérigny. — M. *Emy.*)

28. C. Intricatus. *Linn.* — Cyaneus. *F.* Très-rare. Dans les bois des montagnes, sous les pierres et les mousses qui croissent au pied des arbres. Mai ; quelquefois aussi en juillet et octobre. Flavignerot, près du ruisseau, dans la combe. Curley, bois de Mantuan. (Savigny-sous-Beaune, Fontaine-Froide, au pied des saules; avril, mai; très-rare.—M. *Arias.*) (Rouvray; pas très-rare. — M. *Emy.*)

CALOSOMA. *Weber.*

29. C. Sycophanta. *Linn.* Rare. Sur les arbres, principalement dans les bois, sur les chênes, où il mange les chenilles : il faut secouer l'arbre pour le faire tomber; car cet insecte se trouve peu sur les branches basses; il exhale une très-forte odeur d'amande amère lorsqu'on le saisit, et l'on doit éviter avec soin de se toucher la peau après l'avoir pris dans ses mains; autrement, il en résulterait une vive irritation sur la partie touchée, irritation qui, surtout par les temps très-chauds, est accompagnée de douleurs intolérables. Fin mai, juin. Dijon, trouvé par terre, au bas des tilleuls sur le rempart de Tivoli et de l'Allée-de-la-Retraite, sur un chemin à droite de celui de Fontaine, près d'un cerisier; un seul exemplaire dans chacune de ces localités. Combe de Marsannay. Gevrey. Chambolle, etc. (Rouvray. —M. *Emy.*) (Beaune ; sur les saules au bord de la Bouzoise. — M. *Arias.*)

30. C. Inquisitor. *Linn.* Plus rare que le précédent. Dans les bois sur les chênes. Fin mai et commencement de juin. Trouvé une fois dans la ville même de Dijon sur du bois à brûler qui venait d'être déchargé. Gevrey. Chambolle. Reulle-Vergy, bois de Mantuan. (Fixin. — M. *Tarnier.*) (Pontailler-sur-Saône, au vol dans un bois. — M. *Dudrumel.*) (Rouvray; moins rare que le *sycophanta.* —M. *Emy.*)

DRYPTA. *F.*

51. D. Emarginata. *F.* Rare. Sous les pierres, dans les endroits humides, ordinairement dans le voisinage de l'eau. Fin janvier, février, mars, avril, mai, 7 septembre et 8 octobre. Dijon, au bas du mur du Parc du côté de Longvic, près de l'Ouche; combe Saint-Joseph; près du moulin Vesson, au bas du petit mur entre la route et la rivière d'Ouche. Villenote, près Semur, en battant les haies qui bordent les prés. (Pontailler-sur-Saône. — M. *Dudrumel.*)

ODACANTHA. *F.*

52. O. Melanura. *Linn.* Ce n'est qu'avec doute que je fais figurer ici cet insecte d'après M. *Emy*, auquel M. *Nodot* l'aurait envoyé comme provenant des environs de Dijon.

POLISTICHUS. *Bon.*

53. P. Vittatus. *Brullé.* - Fasciolatus. *F.* Sous les pierres dans les endroits humides. Avril, mai. Trouvé une seule fois à Dijon, à la combe Saint-Joseph. Ruffey, près Dijon. (Pontailler-sur-Saône, sous les détritus; pas rare. — M. *Dudrumel.*) (Semur; endroits élevés et exposés au midi. — M. *Nodot.*)

CYMINDIS. *Latr.*

54. C. Humeralis. *F.* (Rouvray; 30 septembre 1839, sous une pierre dans le bois de Bouchots. — M. *Emy.*)

55. C. Homagrica. *Duft.* Assez rare. Talant, sous les pierres sur la montagne près des petits tunnels du chemin de fer de Paris à Lyon. Janvier, juillet, août. (Beaune. — M. *Péragallo.*)

DEMETRIUS. *Bon.* — DEMETRIAS. *Dej.*

56. D. Unipunctatus. *Germ.* Rare. Gevrey, bord du petit étang de Satenay, sous les feuilles mortes et les détritus dans le bois d'aulnes; 27 août, 5 septembre. (Pontailler-sur-Saône. — M. *Dudrumel.*)

57. D. Atricapillus. *Linn.* Pas commun. Sous les pierres, les feuilles sèches, les écorces d'arbres, etc., dans les endroits humides. Février, avril, mai, août, septembre. Dijon, intérieur du Parc, sous les écorces de platane et en fauchant sur les fleurs d'*anthriscus sylvestris*; au bas du mur au nord du clos de Pouilly. Villenote, près Semur, en battant les haies qui entourent les prés et en fauchant sur la lisière du bois de Champeaux. (Beaune, en battant les fagots; printemps, automne. — M. *Arias.*)

DROMIUS. *Bon.*

58. D. Linearis. *Bon.* Commun. Sous les pierres dans les endroits un peu humides, sous la mousse au pied des arbres dans les bois, en battant les fagots, les haies vives et les buissons, etc. Avril, mai, juin, juillet, septembre. Dijon, au pied des petits murs qui bordent les chemins, près des vignes du côté de Fontaine; chemin de Daix, au pied d'une haie vive sous les pierres; combe Saint-Joseph; pépinière près de l'écluse de Larrey; bord de l'Ouche, etc. Ahuy, bord de Suzon près du lavoir. Plombières, combe de Neuvon. Flavignerot. Chaignay. Gevrey, en fauchant dans le bois près du grand étang de Satenay et sous les détritus dans le bois d'aulnes près du petit étang. (Beaune. — M. *Arias.*) (Rouvray; tout l'été, en battant les haies sèches et vives. — M. *Emy.*)

59. D. Melanocephalus. *Dej.* Pas rare. Dijon, Parc, écorces de platane, en hiver; chemin de Daix, sous les pierres

au bas d'une haie; avril. Ahuy, sous les pierres au bord de Suzon près du lavoir; mai, novembre. Flavignerot, en battant les fagots ; mai, juin. Plombières, combe de Neuvon, en battant les fagots ; octobre. Villenote, près Semur, en battant les haies autour des prés ; août. (Pontailler, sous les mousses des troncs de chênes ; octobre. — M. *Dudrumel*.) (Rouvray; commun. — M. *Emy*.)

40. D. SIGMA. *Rossi*. Très-rare. Environs de Dijon.

41. D. QUADRISIGNATUS. *Déj*. Dijon, au Parc sous les écorces, particulièrement celles de platane et de sycomore. Février, mars. Rare.

42. D. BIFASCIATUS. *Perroud*. Dijon, très-rare. (Beaune, sous les écorces, un seul exemplaire, au printemps. — M. *Arias*.)

43. D. FASCIATUS. *F*. Rare. Dijon, chemin de Daix, sous les pierres au bas d'une haie vive. Flavignerot, en battant des fagots ; avril.

44. D. QUADRINOTATUS. *Duft*. Commun. Dijon, au Parc, sous les écorces de platane et de sycomore. Janvier, février, mars, avril, octobre, novembre et décembre. (Beaune, écorces de platane. — M. *Arias*.) (Rouvray, en battant les haies sèches et sous les mousses. — M. *Emy*.)

45. D. QUADRIMACULATUS. *Panz*. Commun. Dans les mêmes localités et aux mêmes époques que le précédent, avec lequel il se trouve presque toujours. (Beaune, Rouvray; comme le *Quadrinotatus*.)

46. D. AGILIS. *F*. Moins commun que les deux précédents, avec lesquels on le trouve dans les mêmes localités et aux mêmes époques, ainsi que les variétés à une ou deux taches pâles sur chaque élytre. (Pontailler, sous les mousses du tronc des chênes; octobre. — M. *Dudrumel*.) (Beaune, écorces de platane. — M. *Arias*.) (Rouvray. — M. *Emy*.)

47. D. GLABRATUS. *Duft*. Commun. Sous les écorces de platane et d'autres arbres, sous les pierres, en battant les haies, en fauchant dans les bois, etc. Janvier à avril; sep-

tembre à décembre. Dijon, au Parc; au bord des chemins du côté de Fontaine, etc. Asnières. Ahuy, bord de Suzon. Flavignerot. Chambolle. Villenote, près Semur, etc. (Beaune. — M. *Arias*.) (Rouvray. — M. *Emy*.)

48. D. OBSCUROGUTTATUS. *Duft*. — SPILOTUS. *Ziegl*. Pas commun. Sous les écorces et sous les pierres. Janvier, mars, août, décembre. Dijon, au Parc, sous les écorces de platane et de sycomore. Gevrey, sur le chemin de Saulon, dans le terreau au pied d'un saule creux, près d'un ruisseau avant le bois. (Beaune. — M. *Arias*.)

49. D. FOVEOLA. *Gyll*. — PUNCTATELLUS. *Duft*. Rare. Sous les pierres. Talant, sur la montagne au-dessus des petits tunnels du chemin de fer de Paris à Lyon, vis-à-vis le Foulon, 15 janvier. Ahuy, bord de Suzon, près du lavoir, 8 novembre. (Rouvray. — M. *Emy*.)

50. D. TRUNCATELLUS. *Linn*. (Beaune, sous les écorces, une seule fois au printemps. — M. *Arias*.)

51. D. QUADRIPUSTULATUS. *F*. — QUADRILLUM. *Duft*. Je n'ai trouvé à Dijon qu'un seul exemplaire de cet insecte, au vol, sur le chemin qui est au-dessus de la gare du chemin de fer, le 19 avril. (Pontailler, sur les sables humides près des bords de la Saône; septembre; assez commun, ainsi que la variété à deux taches. — M. *Dudrumel*.) (Beaune, sous les écorces de platane; printemps; commun. — M. *Arias*.) (Montberthaut, rive droite du Serein, sur le sable, au bas des communaux; fin mai. — M. *Emy*.)

LEBIA. *Latr*.

52. L. CYANOCEPHALA. *F*. Pas commune. Sous les écorces et les mousses du tronc des arbres, sous les pierres en hiver et au commencement du printemps; sur les troncs d'arbres, par terre et sur les plantes au printemps et en été. Dijon, au Parc, sous les écorces de platane, et derrière le mur de cette promenade du côté de Longvic, sous les pierres, jan-

vier; fontaine Sainte-Anne; au bord de la route de Langres, sur le tronc des tilleuls, courant au soleil, 6 juillet; sur un chemin près du Parc, courant par terre, 10 mars; fontaine de Larrey, sous les écorces au pied des saules, automne. Talant, au-dessus des petits tunnels du chemin de fer, à la fin de l'hiver. Bois de Fixin, près du chemin de fer, en fauchant, 8 juin. Combe de Gevrey, près de la fontaine, en fauchant, 11 juin. (Fixin, dans la combe, le soir, à la lanterne, 5 juillet. — M. *Tarnier.*) (Pontailler, sous les mousses du tronc des chênes, octobre. — M. *Dudrumel.*) (Beaune, écorces des tilleuls et des platanes, mai, juin. — M. *Arias.*) (Rouvray, sous les mousses; assez commune. — M. *Emy.*)

53. L. Chlorocephala. *Ent. Hefte.* Rare. Chambolle, sous des écorces dans le bois et courant sur la terre; mai. (Rouvray, en fauchant et en battant les haies sèches et vives; pas commune. — M. *Emy.*)

54. L. Cyathigera. *Rossi.* Très-rare. Trouvée à Plombières par un élève du Petit-Séminaire. (Rouvray, 17 septembre 1856, entre les gerçures de l'écorce d'un chêne dans une coupe du bois de Vernon. — M. *Emy.*)

55. L. Crux minor. *Linn.* Se trouve çà et là, assez rarement dans les bois, en fauchant, quelquefois courant par terre ou sur les fleurs. Dijon, au Parc, sur les fleurs de cornouiller sanguin, *cornus sanguinea,* 16 juin; combe Saint-Joseph, au vol, près d'un champ de navette, 6 mai. (Sur les prés, en fauchant; mai. — M. *Nodot.*) Combe de Flavignerot, en fauchant, 5 juin. Combe de Chambolle, 20 avril, par terre; 24 juin, en fauchant. Je l'ai trouvée assez communément sur des ombellifères dans des coupes de deux à trois ans, à la fin de juillet et au commencement d'août, dans la combe de Chambolle et dans celle de Neuvon, près de Plombières. (Rouvray; assez rare. Montberthaut, trouvée en assez grande quantité le 27 juillet, en fauchant, vers deux heures après midi, dans les bois de bouleaux au-dessus de la descente du pont. — M. *Emy.*)

56. L. Turcica. *F.* (Dijon, sur le tronc des tilleuls, au soleil, à l'Allée-de-la-Retraite; été; rare. — M. *Dudrumel.*)

57. L. Hæmorrhoidalis. *F.* Je n'ai trouvé qu'un seul exemplaire de cet insecte à Dijon, sur le chemin de Ruffey, entre la Maladière et le clos de Pouilly, le 24 juin, le soir, au vol, par un temps très-chaud et orageux. (Rouvray, très-commun au commencement de l'automne, en fauchant, sur les bruyères. — M. *Emy.*)

BRACHINUS *Weber.*

58. B. Crepitans. *Linn.* Très-commun. Sous les pierres au bord des chemins, surtout au pied des murs et des haies. Janvier, février, mars, avril, mai, octobre, novembre, décembre. Dijon, au bas du mur du Parc du côté de Longvic; chemins du côté de Chenôve, de Fontaine, de Talant, d'Ahuy, etc.; combe Saint-Joseph, etc. (Fixin. — M. *Tarnier.*) (Beaune. — M. *Arias.*) (Rouvray. — M. *Emy.*) (1).

59. B. Explodens. *Duft.* Très-commun également, dans les mêmes localités et aux mêmes époques que le précédent, avec lequel il vit en société. Dijon. (Fixin, Beaune, Rouvray.)

60. B. Sclopeta. *F.* Encore plus commun que les précédents, surtout que le *Crepitans*, dans les mêmes localités et aux mêmes époques. Dijon. (Fixin, Beaune, Rouvray.)

---

(1) Cette espèce et les deux suivantes sont très-souvent couvertes, surtout sur les élytres, de très-petits parasites sur lesquels j'ai le premier appelé l'attention des naturalistes *Annales de la Société entomologique de France;* 2e série, tom. 8, 1850, p. 21 et suiv.; pl. 3, I, fig. 1 à 7. Ces parasites ont été depuis étudiés avec soin par M. Robin dans la 2e édition de son *Histoire naturelle des végétaux parasites qui croissent sur l'homme et sur les animaux vivants;* Paris, 1853. Ils appartiennent à un genre de cryptogames, et ont été nommés par cet auteur *Laboulbenia Rougetii.* Ils sont décrits et figurés dans l'ouvrage précité, pages 622 à 639, pl. VIII, fig. 1 et 2, et X, fig. 2.

CLIVINA. *Latr.*

61. C. Fossor. *Linn.* — Arenaria. *F.* Commune. Sous les pierres au bord des rivières et des ruisseaux. Mars, avril, mai, juin, octobre, quelquefois en hiver. Dijon, bords de l'Ouche, dans les endroits humides; bords de Suzon, bord de la fontaine qui est près de l'Asile des aliénés. Gevrey, au bord du ruisseau du grand étang de Satenay, près de la levée. Les variétés *Sanguinea, Collaris, Discipennis* et *Gibbicollis* sont plus rares que le type de l'espèce (Fixin, le soir, au vol, 23 mai. — M. *Tarnier.*) (Beaune. — M. *Arias.*) (Rouvray. — M. *Emy.*)

DYSCHIRIUS. *Bon.* — *CLIVINA. Latr.*

62. D. Globosus. *Herbst.* — Gibbus. *F.* Assez commun. Gevrey, dans le bois d'aulnes près du petit étang de Satenay, sous les feuilles mortes et les herbes, sur la terre humide; 27 août, 5 septembre. (Rouvray; très-commun au bord des mares. — M. *Emy.*)

63. D. Æneus. *Dej.* Pas rare. Sur la boue un peu humide au bord des rivières et des eaux stagnantes; en battant le sol avec les pieds, on voit sortir cet insecte. Mai, juin, juillet, août. Dijon, fontaine près de l'Asile des aliénés; bord de l'Ouche derrière le Parc; contre-fossé au midi du Canal près du chemin de fer de Paris à Lyon; sablière près de l'Allée-de-la-Retraite, dans le sable au bord de l'eau.

64. D. Nitidus. *Dej.* J'ai trouvé un seul exemplaire de cette espèce, le soir, au vol, au bord de la fontaine de Larrey, près Dijon, le 1er juin, par un temps très-chaud.

DITOMUS. *Bon.*

65. D. CAPITO. *Dej.* (Beaune, le long du chemin de Savigny, 5 juillet. — M. *Péragallo.*)

66. D. CLYPEATUS. *Rossi.* — SULCATUS. *F.* (Beaune, sous les pierres, juin. — M. *Arias.*)

PANAGAEUS. *Latr.*

67. P. CRUX MAJOR. *Linn.* Pas commun. Sous les pierres, dans les prés humides, le long des rivières. Février, mars, avril, mai, octobre, novembre. Dijon, prés au bord de l'Ouche, surtout contre un petit mur près du moulin Vesson; (derrière le Parc, sous les matières en décomposition que l'eau amoncèle sur le sable après les crues de l'Ouche; revers du chemin du Canal, le long de l'Ouche. — M. *Nodot.*) Plombières, bord de l'Ouche. (Chevigny-Saint-Sauveur, au bord du petit ruisseau qui se trouve au nord du petit bois du château; 17 juin. — M. *Tarnier.*) (Pontailler, sous les détritus. — M. *Dudrumel.*) (Beaune. Savigny-sous-Beaune, Fontaine-Froide. — M. *Arias.*) (Rouvray. — M. *Emy.*)

Variété QUADRIPUSTULATUS. *Sturm.* — Très-rare. Bois de Chambolle, sous la mousse, ou courant par terre sur les chemins. Mai et commencement de juin. Dijon, Combe-aux-Serpents, par terre; 15 mai. (Rouvray; pas commun. — M. *Emy.*)

LORICERA. *Latr.*

68. L. PILICORNIS. *F.* Rare. Sous les pierres, dans les endroits humides au bord de l'eau. Avril, mai, juin, août, septembre, octobre. Dijon, fontaine près de l'Asile des aliénés, bord de l'Ouche derrière le Parc (revers du chemin du Canal. — M. *Nodot.*). Gevrey, dans le bois d'aulnes près du petit étang de Satenay; sous les feuilles sèches et les détritus. (Beaune. — M. *Arias.*) (Rouvray. — M. *Emy.*)

LICINUS. *Latr.*

69. L. Silphoides. *F.* Pas commun. Sous les pierres. Septembre, octobre. Talant, montagne au-dessus des petits tunnels du chemin de fer, vis-à-vis le Foulon. (Montagne de Saint-Joseph. Montagne de Chenôve. Mars. — M. *Nodot.*) Montagne de Chambolle. Gémeaux et Epagny, dans les champs. Flavigny. (Beaune. — M. *Arias.*)

70. L. Cassideus. *F.* Pas commun. Sous les pierres, ordinairement dans les endroits un peu humides. Mars, avril, mai, août, octobre. Dijon, chemins du côté de Fontaine; (route de Langres, sous les mottes de boue sèche. — M. *Dudrumel.*) Lit de Suzon, à l'extrémité de l'Allée-de-la-Retraite, près de la prison; chemin près du deuxième contre-fossé au midi du Canal; au-dessus de la fontaine de Larrey, près de la table de pierre. Fixin, près de la ferme de la Fortelle. Concœur, bois de Mantuan, près du télégraphe.

71. L. Hoffmanseggii. *Panz.* Très-rare. Bois des montagnes, sous les pierres. Mai, septembre. Flavignerot. Fixin, près de la ferme de la Fortelle. Chambolle, sous une écorce au pied d'un cerisier mort.

CALLISTUS. *Bon.*

72. C. Lunatus. *F.* Rare. Sous les pierres, ou courant par terre. Février, avril, mai, juin. Dijon, combe Saint-Joseph; à l'Arquebuse, sur l'escalier du Cabinet d'histoire naturelle. Ahuy, bord de Suzon, près du lavoir. (Fixin, près de la ferme de la Fortelle. — M. *Tarnier.*) (Beaune, sur une plante, un seul exemplaire. — M. *Arias.*) (Semur, sous les pierres, au sommet des montagnes, dans les champs; avril. — M. *Nodot.*) (Rouvray, courant par terre, sous les pierres, quelquefois sous les écorces; assez rare. — M. *Emy.*)

CHLÆNIUS *Bon.*

73. C. SPOLIATUS. *Rossi.* Beaune, sous les pierres au bord d'une mare près la gare du chemin de fer; avril, mai; pas rare en 1849 et 1851; on ne l'a plus trouvé depuis. — M. *Arias* et M. *Péragallo.*

74. C. VARIEGATUS. *Fourcroy.* — AGRORUM. *Oliv.* Assez commun. Sous les pierres dans les endroits humides, surtout dans le voisinage de l'eau. Mars, avril, mai et juin. Dijon, bord de Suzon et dans le lit desséché de ce torrent, fontaine près de l'Asile des aliénés, Combe-aux-Serpents, derrière le Parc. Talant, au bord d'une mare à l'ouest de ce village. (Beaune, au bord d'une mare près de la station du chemin de fer. — M. *Arias* et M. *Péragallo.*)

75. C. VESTITUS. *F.* Commun. Sous les pierres au bord de l'eau, dans les mêmes localités et aux mêmes époques que le précédent, avec lequel il se trouve très-souvent. (Beaune, comme le *Variegatus.* — MM. *Arias* et *Péragallo.*) (Rouvray. — M. *Emy.*)

76. C. SCHRANKII. *Dufl.* Pas commun. Sous les pierres au bord de l'eau, dans les mêmes endroits et aux mêmes époques que les deux précédents. (Rouvray; pas rare. — M. *Emy.*)

77. C. NIGRICORNIS *Sch.* (Châtillon-sur-Seine; juillet. — M. *Emy.*)

Variété MELANOCORNIS. *Ziegl.* Commun. Sous les pierres dans les endroits humides, au bord des eaux courantes ou stagnantes. Avril à juillet. Mêmes localités que le *Variegatus*, et, en outre, le long de l'Ouche près du moulin Vesson; fontaine de Larrey. Chevigny-St-Sauveur, au bord du petit ruisseau qui se trouve au nord du petit bois du château. Combe de Flavignerot. (Fixin. — M. *Tarnier.*) (Beaune. — M. *Arias.*) (Rouvray; pas commun. — M. *Emy.*)

78. C. TIBIALIS. *Dej.* Blaisy-Bas, sous les pierres au bord

du ruisseau au midi du village, près du bois, 2 juillet. Quelques exemplaires. (Rouvray ; rare. — M. *Emy.*)

79. C. HOLOSERICEUS. *F.* Très-rare. Pris une fois par M. *Tarnier*, le soir, au vol, dans une chambre, dans laquelle était une lumière, dans la rue Saumaise, à Dijon. (Dijon, le long de l'Ouche derrière le Parc, et au Mont-Afrique vers Flavignerot ; juin. — M. *Vodol.*)

80. C. SULCICOLLIS. *Payk.* (Maxilly-sur-Saône, sur les bords de la Saône. — M. *Tarnier.*)

OODES. *Bon.*

81. O. HELOPIOIDES. *F.* (Chevigny-Saint-Sauveur, au bord du ruisseau au nord du petit bois qui est devant le château. Eté. — M. *Tarnier.*) (Pontailler, sous les mousses humides dans les bois près de la Saône, octobre. — M. *Dudrumel.*) (Rouvray. — M. *Emy.*)

BADISTER. *Clairv.*

82. B. UNIPUSTULATUS. *Bon.* — CEPHALOTES. *Dej.* Assez rare. Sous les pierres et la mousse dans les endroits humides au bord de l'eau. Mai, juin, juillet. Dijon, fontaine près de l'Asile des aliénés ; fontaine de Larrey, en fauchant. Chevigny-Saint-Sauveur, au bord du ruisseau au nord du petit bois qui est devant le château.

83. B. BIPUSTULATUS. *F.* Commun. Sous les pierres, les mousses et les détritus dans les endroits frais ou humides, le plus souvent dans le voisinage de l'eau, quelquefois dans les bois, au pied des arbres garnis de mousse. Toute l'année, mais surtout au printemps et en automne. Dijon, bords de l'Ouche, surtout à l'ombre des saules ; bords et lit desséché de Suzon ; combe Saint-Joseph ; fontaine près de l'Asile des aliénés ; mur au nord du clos de Pouilly ; intérieur du Parc, etc. Gevrey, bois d'aulnes près du petit étang de Satenay.

Villenote, près Semur, sur la montagne au nord du village.
(Beaune. — M. *Arias*.) (Rouvray. — M. *Emy*.)

84. B. Peltatus. *Panz*. Assez rare. Sous les pierres, les
mousses et les détritus dans les endroits humides au bord
de l'eau. Mai, juin, septembre, octobre. Dijon, fontaine
près de l'Asile des aliénés. Chevigny-Saint-Sauveur, au bord
du ruisseau au nord du petit bois qui est devant le château.
Gevrey, sous les aulnes au bord du petit étang de Satenay.

85. B. Humeralis. *Duft*. Pas commun. Sous les pierres et
les détritus dans les endroits humides. Mars, avril, mai,
juin, octobre. Dijon, combe Saint-Joseph; chemin de Daix,
au bas d'une haie; mur au nord du clos de Pouilly, sous les
feuilles mortes; fontaine près de l'Asile des aliénés; bord
de l'Ouche, près du moulin Vesson et derrière le Parc; se
trouvait autrefois au bas du rempart vis-à-vis la rue de la
Prévôté; mais les remblais qui ont eu lieu récemment ont
détruit cette localité. (Fixin. — M. *Tarnier*.) (Beaune.
M. *Arias*.)

PATROBUS. *Meg*.

86. P. Excavatus. *Payk*. — Rufipes. *Gyll*. (Montberthaut,
sous les pierres au bord du Serem et de l'Argentalet; printemps et automne. Rouvray, dans le bois Darié, au bord du
petit ruisseau près les grands prés de la Motte. — M. *Emy*.)

SPHODRUS. *Clairv*.

87. S. Leucophthalmus. *Linn*. — Planus. *F*. Pas très-
rare. Dans les maisons, surtout dans les écuries, les lieux
d'aisance et les endroits peu éclairés et malpropres; la journée, sous les planches, les ordures, etc.; le soir, il court par
les temps chauds, souvent au milieu des *Blaps*. Fin avril,
mai, juin, juillet. Dijon. (Beaune. — M. *Arias*. — Trouvé
dans une rue, près d'un four, par M. *Bourlier*.)

PRISTONYCHUS. *Dej.*

88. P. Subcyaneus. *Ill.* — Terricola. *Ill.* (Dijon. - M. *Vodot*, d'après M. *Emy.*) (Un seul exemplaire trouvé dans un bois aux environs de Beaune, au printemps. — M. *Arias.*)

CALATHUS. *Bon.*

89. C. Latus. *Linn.* — Cisteloides. *Ill.* Commun. Sous les pierres au bord des chemins. Printemps et automne. Dijon, chemins peu fréquentés du côté de Fontaine, etc. Asnières, sur le chemin près du bois. Villenote, près Semur, sur la montagne au nord de ce village. (Beaune.—M. *Arias.*) (Rouvray. — M. *Emy.*)

Variété Frigidus. *F.* Dijon. (Rouvray. — M. *Emy.*)

90. C. Fulvipes. *Gyll.* (Beaune. — M. *Arias.*)

91. C. Fuscus. *F.* Commun. Sous les pierres au bord des chemins, au pied des murs, sur les montagnes, etc. Printemps, automne; quelquefois en hiver. Dijon, mêmes localités que le *Latus*, et, en outre, derrière le mur du Parc, montagne près de la fontaine Ste-Anne. Asnières, etc. (Beaune; pas commun, sous les pierres; printemps. — M. *Arias.*) (Rouvray; assez rare. — M. *Emy.*)

92. C. Rotundicollis. *Dej.* (Rouvray; très-rare; 21 août 1839, moulin Bierry, sous une pierre. — M. *Emy.*)

93. C. Melanocephalus. *Linn.* Commun. Sous les pierres. Février, mai. Dijon, bord de Suzon. Talant, montagne au-dessus des petits tunnels du chemin de fer de Paris à Lyon, petite combe au bas de la Fontaine-aux-Fées. Longvic, bord de l'Ouche. (Beaune. — M. *Arias.*) (Rouvray; rare. — M. *Emy.*)

SYNUCHUS. *Gyll.* — *TAPHRIA. Bon.*

94. S. Vivalis. *Ill.* (Dijon, le long de l'Ouche, derrière le Parc, sur le sable; 11 juillet. — M. *Nodot.*) (Rouvray; rare. — M. *Emy.*)

ANCHOMENUS. *Erichs.*

95. A. Angusticollis. *F.* Dijon, rare; au Parc, sous une écorce humide au pied d'un arbre, 21 février; fontaine auprès de l'Asile des aliénés, sous la mousse, 2 mai. Gevrey, bois d'aulnes près du petit étang de Satenay, sous les détritus, 5 septembre. (Pontailler, bois voisin de la Saône, sous les mousses humides; commun; 8 avril, septembre, octobre. — M. *Dudrumel.*) (Beaune, sous les pierres, au printemps. — M. *Arias.*) (Rouvray; commun sous les mousses. — M. *Emy.*)

96. A. Livens. *Gyll.* — Memnonius. *Knoch.* (Pontailler, sous les mousses; rare. — M. *Dudrumel.*) (Rouvray, sous les mousses et en battant les haies sèches. — M. *Emy.*)

97. A. Prasinus. *Thunb.* Très-commun. Sous les pierres au bord des chemins, au pied des murs et des haies, etc. Printemps, automne et aussi l'hiver. Se trouve presque toujours avec les espèces du genre *Brachinus* et dans les mêmes localités. Dijon, au bas du mur du Parc du côté de Longvic; sur les chemins du côté de Chenôve, Talant, Fontaine, Ahuy, etc.; combe Saint-Joseph; bords de l'Ouche; lit de Suzon du côté d'Ahuy et près de la route d'Auxonne, vers la prison, etc. Villenote, près Semur, montagne au nord du village. (Beaune. — M. *Arias.*) Rouvray. — M. *Emy.*,

98. A. Albipes. *F.* — Pallipes. *F.* Très-commun. Sous les pierres au bord de l'eau. Printemps, automne, et plus

rarement l'hiver. Dijon, bord de l'Ouche, bord de Suzon et dans son lit lorsqu'il est à sec ; fontaine près de l'Asile des aliénés ; sablière près de l'Allée-de-la-Retraite, dans le sable au bord de l'eau, etc. Gevrey, bois d'aulnes près du petit étang de Satenay, sous les détritus. (Beaune. — M. *Arias.*) (Rouvray. — M. *Emy.*)

99. A OBLONGUS. *F.* Rare. Sous les pierres et les détritus au bord de l'eau. Printemps, été, automne. Dijon, contre-fossé au midi du Canal près du chemin de fer de Paris à Lyon ; Fontaine près de l'Asile des aliénés ; bord de l'Ouche, au pied d'un saule carié. Gevrey, assez commun près du petit étang de Satenay. (Rouvray. — M. *Emy.*)

AGONUM. Bon.

100. A. MARGINATUS. *Linn.* Assez commun. Sous les pierres dans les endroits humides au bord de l'eau. Avril, mai. Dijon, bord de Suzon ; sablière près de l'Allée-de-la-Retraite, dans le sable au bord de l'eau. (Beaune. — M. *Arias.*) (Rouvray. — M. *Emy.*)

101. A. AUSTRIACUS. *F.* (Rouvray ; assez rare. — M. *Emy.*)

102. A. MODESTUS. *Sturm.* Assez commun. Sous les pierres au bord de l'eau. Janvier, avril, juillet. Dijon, bord de Suzon, bord de l'Ouche. Talant, au bord d'une mare à l'ouest du village. (Beaune. — M. *Arias.*) (Rouvray ; assez rare. — M. *Emy.*)

103. A. SEXPUNCTATUS. *Linn.* Rare. Sous les pierres dans les endroits humides et au bord de l'eau. Avril à juillet. Dijon, bord de Suzon et dans son lit lorsqu'il est à sec. Combe de Flavignerot. Fixin, bois près du chemin de fer, par terre, dans une coupe. Curley, bois de Mantuan, par terre. Blaisy-Bas, dans le bois au midi du village, par terre. (Beaune. — M. *Arias.*) (Rouvray. — M. *Emy.*)

104. A. PARUM PUNCTATUS. *F.* Assez commun. Sous les pierres au bord de l'eau. Printemps, automne et quelquefois l'hiver. Dijon, bord de Suzon et lit desséché de ce torrent ; fontaine près de l'Asile des aliénés ; sablière près de

l'Allée-de-la-Retraite; chemin de la rente de Morvau, au bord d'un fossé. (Pontailler, sous les mousses humides dans les bois. — M. *Dudrumel.*) (Beaune. — M. *Arias.*) (Rouvray. — M. *Emy.*)

105. A. Vidurs. *Kugel.* Pas commun. Au bord de l'eau sous les pierres, etc. Avril, octobre. Dijon, fontaine près de l'Asile des aliénés; au bord du petit ruisseau qui sort du clos de Pouilly, près du petit chemin de Ruffey, sous les feuilles sèches. Chambolle, au vol, dans le village. (Beaune. — M. *Arias.*) (Rouvray. — M. *Emy.*)

106. A. Versutus. *Gyll.* — Lævis. *Dej.* Rare. Dijon. (Rouvray. — M. *Emy.*)

107. A. Micans. *Nicolaï.* — Pelidnus. *Duft.* Gevrey, près du petit étang de Satenay, dans le bois d'aulnes, sous les détritus et en fauchant; pas commun; 5 septembre. (Pontailler, sous les mousses humides dans les bois au bord de la Saône; octobre. — M. *Dudrumel.*)

108. A. Lugens. *Ziegl.* (Rouvray. — M. *Emy.*)

109. A. Emarginatus. *Gyll.* Rare. Dijon, bord de l'Ouche du côté de Plombières. (Rouvray, grande mare du bois Darié; juin. — M. *Emy.*)

110. A. Lugubris. *Dej.* Commun. Sous les pierres, sur la boue, sous les feuilles sèches, la mousse, les détritus, au bord des eaux dans les endroits humides. Mars à septembre. Dijon, fontaine près de l'Asile des aliénés; fontaine de Larrey; contre-fossé au midi du Canal près du chemin de fer de Paris à Lyon; sablière entre le chemin de la rente de Morvau et la route d'Auxonne; bord du ruisseau entre le clos de Pouilly et la ferme d'Epirey; au bas du mur au nord du clos de Pouilly, près du chemin de Ruffey. (Fixin. — M. *Tarnier.*) Gevrey, bord du petit étang de Satenay, dans le bois d'aulnes, sous les détritus. Blaisy-Bas, au bord du ruisseau près du bois. (Beaune. — M. *Arias.*) (Rouvray.— M. *Emy.*)

111. A. Atratus. *Duft.* — **Niger.** *Dej.* Dijon. (Beaune, un seul exemplaire, sous les pierres, dans un endroit humide. — M. *Arias.*)

OLISTHOPUS. *Dej.*

112. O. Rotundatus. *Payk.* Rare. Dans les endroits humides. Juin, août, septembre. Dijon, sur la barrière au-dessus du Débarcadère. Plombières, combe de Neuvon. (Fixin. — M. *Tarnier.*) Chambolle, sur un mur à l'ombre et dans le bois sous une pierre. Villenote, près Semur, en fauchant au bord du bois de Champeaux. (Rouvray. — M. *Emy.*)

PŒCILUS. *Bon.* — FERONIA. *Dej.*

113. P. Punctulatus. *F.* (Beaune. — M. *Arias.*)

114. P. Cupreus. *Linn.* Très-commun. Sous les pierres dans les endroits humides; au vol, et courant par terre, au premier printemps. Mars à juillet. Dijon, bord de l'Ouche et de Suzon, vieux Suzon, etc. Talant, au bord d'une mare à l'ouest du village. (Chevigny-Saint-Sauveur. Fixin. — M. *Tarnier.*) Flavignerot, dans la combe. Blaisy-Bas, dans le bois. (Beaune. — M. *Arias.*) (Rouvray. — M. *Emy.*)

Variété Versicolor. *Sturm.* Rare. Dijon.

115. P. Dimidiatus. *Oliv.* Dijon. Chemin de la Charmette; un seul exemplaire, sous une pierre. (Rouvray ; pas commun. — M. *Emy.*)

116. P. Lepidus. *Leske.* (Dijon. — M. *Nodot,* d'après M. *Emy.*) (Beaune, sous les pierres, au printemps et en automne. — M. *Arias.*)

Variété Viaticus. *Bon.* Pas rare. Sous les pierres, ou courant par terre. Dijon, sur la montagne au-dessus de Larrey, sur le chemin de Corcelles-les-Monts et près de la fontaine Sainte-Anne. Avril, mai. (Beaune, sous les pierres ; printemps et automne. — M. *Arias.*)

117. P. Splendens..... (Rouvray. — M. *Emy.*)

118. P. Subcoeruleus. *Quensel.* — Striatopunctatus. *Meg.* (Environs de Beaune; un seul exemplaire dans un bois, au printemps. — M. *Arias.*)

ARGUTOR. *Meg.* — FERONIA. *Dej.*

119. A. Vernalis. *F.* Commun. Sous les pierres et les feuilles mortes au bord de l'eau. Avril, octobre, novembre. Dijon, bord de l'Ouche près du moulin Vesson; bord du ruisseau qui sort du clos de Pouilly, au-dessus du petit chemin de Ruffey. Flavignerot, dans la combe. (Beaune. — M. *Arias.*) (Rouvray. — M. *Emy.*)

120. A. Longicollis. *Dufl.* — Negligens. *Meg.* Rare. Sous les pierres dans les endroits humides, au bord de l'eau. Avril. Gevrey, au bord d'un fossé près du bois dans la plaine. Beaume-la-Roche, coteau au-dessus de l'entrée du tunnel de Blaisy.

121. A. Eruditus. *Dej.* Rare. Sous les pierres et les mousses, dans les lieux humides au bord de l'eau. Avril. Beaume-la-Roche, coteau au-dessus de l'entrée du tunnel de Blaisy. (Beaune. — M. *Arias.*) (Rouvray. — M. *Emy.*)

122. A. Pygmaeus. *Sturm.* — Strenuus. *Panz.* Pas commun. Sous les pierres, les mousses et les détritus au bord de l'eau. Mai, juillet, août, septembre, octobre. Dijon, fontaine près de l'Asile des aliénés; bord de l'Ouche près du glacis qui est au-dessus du moulin Vesson. Gevrey, bord du petit étang de Satenay, sous les détritus dans le bois d'aulnes. (Pontailler; mousses humides dans les bois. — M. *Dudrumel.*) (Rouvray. — M. *Emy.*)

123. A. Depressus. *Dej.* Pas commun. Sous les pierres dans les combes boisées et un peu humides. Avril, mai. Flavignerot. Fixin. Chambolle. (Beaune.—M. *Arias.*) (Rouvray. — M. *Emy.*)

OMASEUS. *Ziegl.* — FERONIA. *Dej.*

124. O. Melanarius. *Ill.* Commun. Sous les pierres, surtout dans les bois. Printemps, automne. Dijon, derrière le mur du Parc du côté de Longvic; bord de Suzon, janvier; Combe-aux-Serpents. Flavignerot. Fixin. Chambolle. (Savigny-sous-Beaune, Fontaine-Froide. — M. *Arias.*) (Rouvray. — M. *Emy.*)

125. O. Nigritus. *F.* Commun. Sous les pierres dans les endroits humides au bord de l'eau. Mars, avril, mai, septembre, octobre. Dijon, fontaine près de l'Asile des aliénés; bords de l'Ouche et de Suzon; contre-fossé au midi du Canal près du chemin de fer de Paris à Lyon. Gevrey, bord du petit étang de Satenay, sous les détritus dans le bois d'aulnes. (Savigny-sous-Beaune, Fontaine-Froide. — M. *Arias.*) (Rouvray. — M. *Emy.*)

126. O. Anthracinus. *Ill.* Commun. Avec le précédent, aux mêmes époques et absolument dans les mêmes localités. Dijon. Gevrey. (Savigny. Rouvray.

127. O. Minor. *Dej.* Assez commun. Sous les pierres dans les endroits bas et humides au bord de l'eau. Avril, mai, juin, août, septembre, octobre. Dijon, fontaine près de l'Asile des aliénés, très-commun; contre-fossé au midi du Canal, près le chemin de fer. Gevrey, bord du petit étang de Satenay, sous les détritus dans le bois d'aulnes. (Rouvray. — M. *Emy.*)

Variété Gracilis. *Sturm.* Pas commun. Sous les pierres dans les endroits humides dans le voisinage de l'eau. Avril. Dijon, contre-fossé au midi du Canal près du chemin de fer; au bas du mur au nord du clos de Pouilly, près du chemin de Ruffey. Combe de Flavignerot. (Environs de Beaune. — M. *Arias.*)

128. O. Aterrimus. *F.* (Rouvray; très-rare. — M. *Emy.*)

STEROPUS. *Meg.* — FERONIA. *Dej.*

129. S. Madidus. *F*. — Variété Concinnus. *Sturm*. Commun. Sous les pierres, les mousses et les feuilles mortes dans les bois. Printemps. Flavignerot. Fixin. Gevrey. Chambolle. (Environs de Beaune. — M. *Arias.*) (Rouvray. — M. *Emy.*)

PLATYSMA. *Bon.* — FERONIA. *Dej.*

130. P. Picimana. *Duft*. Rare. Sous les pierres et les détritus au bord de l'eau. Avril, mai. (Dijon, le long de l'Ouche, sous les détritus amassés par les inondations, surtout près du moulin Vesson; Semur, sous les pierres au sommet des montagnes, dans les champs; avril. — M. *Nodot.*) (Genay, près Semur; assez commun. — M. *Emy.*)

131. P. Oblongo punctata. *F*. (Dijon; rare. — M. *Nodot,* d'après M. *Emy.*) (Beaune; un seul exemplaire trouvé dans une prairie, au printemps. — M. *Arias.*)

PTEROSTICHUS. *Bon.* — FERONIA. *Dej.*

132. P. Striatus. *Payk*. — Niger. *F*. (Pontailler-sur-Saône. — M. *Dudrumel.*) (Rouvray; pas commun. — M. *Emy.*)

133. P. Parum punctatus. *Dej*. Commun. Sous les pierres dans les endroits frais et un peu humides des bois de montagne. Avril, mai. Combes de Flavignerot. Fixin. Gevrey. Chambolle. (Environs de Beaune; printemps, automne. — M. *Arias.*) (Rouvray; très-commun sous les pierres dans les ruisseaux desséchés dans les bois. — M. *Emy.*)

ABAX. *Bon.* — FERONIA. *Dej.*

154. A. Striola. *F.* Commun. Sous les pierres, les arbres abattus, les mousses dans les bois. Avril, mai. Flavignerot. Fixin. Gevrey. Chambolle. (Savigny, près Beaune, Fontaine-Froide. — MM. *Péragallo et Arias.*) (Rouvray. — M. *Emy.*)

155. A. Frigidus. *F.* — Ovalis. *Meg.* Rare. Sous les pierres dans les combes de Fixin et Gevrey. Mai. (Savigny, près Beaune, Fontaine-Froide. — MM. *Péragallo et Arias.*) (Rouvray ; pas rare. — M. *Emy.*)

156. A. Parallelus. *Duft.* Commun. Sous les pierres dans les bois. Avril, mai. Combe de Flavignerot. Fixin. Gevrey. Chambolle. (Savigny-sous-Beaune, Fontaine-Froide. — MM. *Péragallo et Arias.*) (Rouvray. — M. *Emy.*)

MOLOPS. *Bon.* — FERONIA. *Dej.*

157. M. Terricola. *F.* Assez commun. Sous les pierres et les feuilles mortes dans les bois. Avril, mai. Flavignerot. Marsannay-la-Côte, fontaine près du parc de Gouville. Fixin. Gevrey, bois de la plaine et de la montagne. Chambolle. (Savigny-sous-Beaune, Fontaine-Froide. — MM. *Arias et Péragallo.*) (Rouvray. — M. *Emy.*)

BROSCUS. *Panz.* — CEPHALOTES. *Bon.*

158. B. Cephalotes. *Linn.* — Vulgaris. *Bon.* Pas commun. Dans les champs, sous les pierres, ou courant par terre. Août. Tart-le-Haut. (Flavignerot. — M. *Dudrumel.*)

STOMIS. *Clair.*

159. S. Pumicatus. *Panz.* Pas commun. Sous les pierres au bord de l'eau dans les endroits humides. Mars, avril, mai.

Dijon, fontaine près de l'Asile des aliénés; bord de l'Ouche près du moulin Vesson. Ahuy, bord de Suzon près du lavoir. Gevrey, au bas de la levée du grand étang de Satenay. (Beaune; rare — M. *Arias*.) (Rouvray. — M. *Emy*.)

ZABRUS. *Clair*.

140. Z. Gibbus. *F*. Assez commun. Sous les pierres, ou courant par terre, le soir surtout, dans les champs et sur les chemins peu fréquentés. Août. Dijon, presque partout autour de la ville dans les champs de blé après la moisson, du côté d'Ahuy, de Mirande, etc. (Beaune; printemps, automne; pas commun. — M. *Arias*.)

AMARA. *Bon*.

141. A. Livida. *F*. -— Bifrons. *Gyll*. Rare. Environs de Dijon.

142. A. Striatopunctata. *Dej*. (Rouvray. — M. *Emy*.)

143. A. Communis. *F*. — Similata. *Gyll*. (Rouvray; pas commune. — M. *Emy*.)

144. A. Obsoleta. *Duft*. Pas rare. Sous les pierres au bord des chemins et courant par terre. Avril. Dijon, Allée-de-la-Retraite; mur au nord du clos de Pouilly, sous les feuilles, etc. Flavignerot, dans la combe. (Beaune; printemps; pas commune. — M. *Arias*.)

145. A. Acuminata. *Payk*. — Eurynota. *Kugel*. Assez rare. Sous les pierres dans les endroits humides, au printemps. Dijon. (Beaune. — M. *Arias*.) (Rouvray. — bord des chemins dans les endroits humides. Printemps. M. *Emy*.)

146. A. Trivialis. *Gyll*. Commune. Sous les pierres au Dijon, chemin près du deuxième contrefossé au midi du Canal, etc. (Beaune. — M. *Arias*.)

147. A. Vulgaris. *Linn*. Rare. Sous les pierres. Dijon. (Beaune; errante au printemps. — M. *Arias*.)

148. A. Curta. *Dej*. Rare. Environs de Dijon. (Beaune; sous les pierres ou errante, au printemps. — M. *Arias*.)

149. A. Ænea. *Meg*. — Communis. *Dej*. Pas commune. Sous les pierres et les écorces du pied des arbres. Printemps, hiver. Dijon, bord de l'Ouche.

150. A. Familiaris. *Duft*. Commune. Sous les pierres ou courant par terre. Printemps, automne. Dijon, presque partout; dans les cours et les jardins dans l'intérieur même de la ville; fontaine près de l'Asile des aliénés; chemin de Chenôve; cours du Parc, derrière le mur du Parc du côté de Longvic, etc. Flavignerot, dans la combe. (Beaune. — M. *Arias*.) (Rouvray. — M. *Emy*.)

151. A. Tibialis. *Payk*. (Rouvray; rare. — M. *Emy*.)

152. A. Consularis. *Duft*. Assez commune. Sous les pierres au bord des chemins. Printemps. Dijon, chemins au nord et à l'ouest de la ville; lit de Suzon près la route d'Auxonne, contre la prison, etc. (Beaune; errante au printemps; un seul exemplaire. — M. *Arias*.)

153. A. Apricaria. *F*. Pas commune. Dijon. (Beaune; sous les pierres au printemps; rare. — M. *Arias*.) Rouvray. — M. *Emy*.)

154. A. Ferruginea. *Linn*. — Fulva. *De Géer*. (Rouvray. — M. *Emy*.)

155. A. Spinipes. *Linn*. — Aulica. *Ill*. Pas rare. Sous les pierres ou courant par terre dans les champs et sur la lisière des bois. Printemps, été. Dijon, au bord des chemins près de la ville. Combe de Flavignerot. Plombières, combe de Neuvon, en fauchant. (Beaune. — M. *Arias*.) (Rouvray. — M. *Emy*.)

156. A. Crenata. *Dej*. Rare. Environs de Dijon.

ACINOPUS. *Ziegl.*

157. A. Megacephalus. *Rossi.* — Bucephalus. *Dej.* (Beaune;
sous les pierres; juin. — M. *Arias*. Au bord du chemin de
Savigny-sous-Beaune; 5 juillet. — M. *Péragallo.*)

ANISODACTYLUS. *Dej.*

158. A. Signatus. *Ill.* Rare. Longvic, sur la boue au bord
de l'Ouche du côté de Dijon, dans un endroit où l'eau est
presque stagnante. (Beaune; un seul exemplaire pris sur
une graminée en mai. — M. *Arias.*)

159. A. Binotatus. *F.* Pas rare. Sous les pierres dans les
endroits humides au bord de l'eau. Printemps, été, automne.
Dijon, fontaine près de l'Asile des aliénés; contre-fossé au
midi du Canal; bord de l'Ouche près du moulin Vesson.
Chevigny-Saint-Sauveur, fossé au nord du petit bois qui est
devant le château. (Beaune; sur les plantes et sous les pierres;
printemps. — M. *Arias.*) (Rouvray. — M. *Emy.*)

Variété Spurcaticornis. *Ziegl.* Pas rare. Egalement dans
les endroits humides au bord de l'eau; mêmes localités que
le type de l'espèce. Trouvée, en outre, dans la combe de
Flavignerot, et à Gevrey au bas de la levée du grand étang
de Satenay. (Beaune; rare. — M. *Arias.*) (Rouvray; pas
commun. — M. *Emy.*)

DIACHROMUS. *Erich.* — *HARPALUS. Latr.*

160. D. Germanus. *Linn.* Sous les pierres et sur les graminées dans les endroits humides, surtout au bord des ruisseaux; sur l'herbe des prés, le soir principalement. Mars à
juillet. Dijon, très-rare; derrière le mur du Parc du côté de
Longvic; combe Saint-Joseph. Chevigny-Saint-Sauveur, pré
au bord du ruisseau au nord du petit bois qui est devant le

château ; pas rare. Fixin, bois près du chemin de fer, en fauchant. (Fauverney, près la ferme de la Bayotte, sur les prés au bord d'un fossé. — M. *Nodot.*) Gilly, sur les prés ; commun. Gevrey, sur la lisière du bois près du grand étang de Satenay. Saint-Nicolas-lez-Cîteaux, dans la forêt de Cîteaux, en fauchant. (Beaune. — M. *Arias.*) (Rouvray ; pas commun. — M. *Emy.*)

OPHONUS. *Ziegl.* — *HARPALUS. Latr.*

161. O. Columbinus. *Germ.* Rare. Environs de Dijon.

162. O. Sabulicola. *Panz.* Rare. Environs de Dijon. (Beaune ; sous les pierres dans les endroits humides, au printemps ; pas commun. — M. *Arias.*) (Rouvray ; pas commun. — M. *Emy.*)

163. O. Obscurus. *F.* — Monticola. *Dej.* Je n'ai trouvé cette espèce que dans la combe de Flavignerot, au bord du pré, du côté de La Cude, dans les parties humides. Fin avril, commencement de mai. Pas rare. (Beaune ; sous les pierres dans les endroits humides ; printemps ; pas commun. — M. *Arias.*)

164. O. Diffinis. *Dej.* Très-rare. Environs de Dijon.

165. O. Rotundicollis. *Dej.* — Obscurus. *Dej.* Pas rare. Sous les pierres dans les lieux humides près de l'eau. Avril. juillet. Dijon, derrière le mur du Parc du côté de Longvic ; au bas du mur au nord du clos de Pouilly ; fontaine de Larrey, le soir au vol. (Fixin. — M. *Tarnier.*)

166. O. Oblongiusculus. *Dej.* Très-rare. Sous les pierres au bord de l'eau. Avril. Dijon, bord de l'Ouche près du moulin Vesson ; (derrière le Parc, sur le sable. — M. *Nodot.*)

167. O. Punctatulus. *Dufl.* Très-rare. Environs de Dijon.

168. O. Chlorophanus. *Zenk.* Commun. Sous les pierres ou courant par terre au bord des chemins. Mars à juin. Dijon, chemins du côté de Fontaine ; derrière le mur du Parc du côté de Longvic, etc. Fixin. Chambolle, etc. Villenote.

près Semur, sur la montagne au nord du village; septembre. (Beaune. — M. *Arias*. (Rouvray. — M. *Emy*.)

169. O. CORDATUS. *Duft*. Pas commun. Environs de Dijon.

170. O. RUPICOLA. *Sturm*. — SUBCORDATUS. *Dej*. Assez commun. Sous les pierres dans les lieux humides. Avril. Dijon, bord de l'Ouche près du moulin Vesson. Combe de Flavignerot. (Fixin. — M. *Tarnier*.) (Rouvray. — M. *Emy*.)

171. O. PUNCTICOLLIS. *Payk*. Pas commun. Environs de Dijon. (Rouvray; commun. — M. *Emy*.)

172. O. RUFIBARBIS. *F*. — BREVICOLLIS. *Dej*. Commun. Sous les pierres au bord des chemins, dans les champs, etc. Printemps, automne. Dijon, chemins du côté de Fontaine, etc. Ahuy, bord de Suzon près du lavoir. (Beaune; pas commun. — M. *Arias*.)

173. O. MENDAX. *Rossi*. (Pontailler-sur-Saône, bois humides au bord de la Saône. — M. *Dudrumel*.)

HARPALUS. *Latr*.

174. H. RUFICORNIS. *F*. Très-commun. Sous les pierres dans les endroits humides, et au vol à l'entrée de la nuit, la nuit même, en plaçant une lumière dans le voisinage des lieux où se tiennent cachés ces insectes pendant le jour. Avril, mai, juin, juillet. Dijon, derrière le Parc du côté de Longvic; bord de l'Ouche près du moulin Vesson; bord du ruisseau qui sort du clos de Pouilly; fontaine de Larrey, etc. Flavignerot, dans la combe. (Fixin. Chevigny-Saint-Sauveur, près du ruisseau vers le petit bois. — M. *Tarnier*) (Beaune. — M. *Arias*.) (Rouvray. — M. *Emy*.)

175. H. GRISEUS. *Panz*. Moins commun que le précédent; mêmes localités et mêmes époques d'apparition; vole aussi le soir. (Beaune. — M. *Bourlier*.) (Rouvray. — M. *Emy*.)

176. H. ÆNEUS. *F*. Très-commun. Sous les pierres, au bord des chemins au pied des murs, etc. Au vol, par les temps chauds du premier printemps, lorsqu'il fait un

beau soleil. Mars, avril. Dijon, bord des chemins autour de la ville ; derrière le mur du Parc du côté de Longvic ; bord de Suzon, etc. (Beaune. — M. *Arias.*) (Rouvray. — M. *Emy.*)

Variété Confusus. *Dej.* Rare. Sous les pierres aux environs de Dijon.

177. H. Distinguendus. *Duft.* Très-commun. Sous les pierres dans les endroits un peu humides, et au vol au printemps. Dijon, au vol dans la ville et au cours du Parc ; chemin près du deuxième contre-fossé au midi du Canal, etc. Talant, au bord de la mare à l'ouest du village, ainsi que la variété bleue. (Beaune. — M. *Arias.*)

178. H. Honestus. *Duft.* Commun. Sous les pierres. Janvier, avril, mai, août. Dijon, derrière le mur au nord du clos de Pouilly ; derrière le mur du Parc du côté de Longvic ; bord de Suzon ; aux Perrières ; promenade de Montchapet, sur un mur à l'ombre, etc. (Fixin. — M. *Tarnier.*) (Gevrey. — M. *Dudrumel.*) (Beaune. — M. *Arias.*) (Rouvray. — M. *Emy.*)

179. H. Sulphuripes. *Germ.* Rare. Environs de Dijon.

180. H. Discoideus. *F.* — Perplexus. *Dej.* Rare. Environs de Dijon

181. H. Calceatus. *Duft.* Rare. Marsannay-la-Côte, sous les pierres à l'entrée de la combe de Gouville. (Beaune. — M. *Arias.*)

182. H. Hottentota. *Duft.* Assez commun. Printemps, été. Dijon, trouvé plusieurs fois dans des cours et des jardins dans l'intérieur de la ville, sous des pots de fleurs ou de petits amas de branches, d'herbe ou de feuilles ; trouvé aussi, à l'aide d'une lumière, courant par terre le soir au milieu des *blaps.* Combe de Flavignerot, sous les pierres. (Beaune ; un seul exemplaire courant par terre. — M. *Arias.*)

183. H. Fulvipes. *F.* — Limbatus. *Duft.* Pas commun. Sous les pierres dans les montagnes au bord des bois. Avril, mai. Combe de Flavignerot, au bord du pré.

184. H. Luteicornis. *Duft*. Pas commun. Comme le précédent. Flavignerot.

185. H. Lævicollis. *Duft*. Satyrus. *Knoch*. Pas rare. Sous les pierres dans les bois des montagnes dans les endroits un peu frais. Avril, mai, août. Combe de Flavignerot. Fixin. Chambolle.

186. H. Rubripes. *Duft*. Pas rare. Sous les pierres. Printemps. Combe de Flavignerot. Villenote, près Semur, sur la montagne au nord du village; septembre. (Beaune. — M. *Arias*.) (Rouvray. - - M. *Emy*.)

187. H. Semiviolaceus. *Brongn*. Très-commun. Sous les pierres au bord des chemins, dans les champs, au bas des murs, etc. Mars, avril, septembre, octobre. Dijon, au bord des chemins du côté de Fontaine, de Chenôve, etc.; bord de l'Ouche, sous les pierres et au pied d'un saule carié. (Pontailler; mousses humides. — M. *Dudrumel*.) (Beaune. — M. *Arias*.) (Rouvray. — M. *Emy*.)

188. H. Tenebrosus. *Dej*. Rare. Environs de Dijon.

189. H. Solieri. *Dej*. Très-rare. Environs de Dijon.

190. H. Melancholicus. *Dej*. Très-rare. Environs de Dijon.

191. H. Tardus. *F*. Commun. Sous les pierres au bas des murs et au bord des chemins. Printemps. Dijon, chemins peu fréquentés autour de la ville; derrière le Parc du côté de Longvic, etc. (Beaune; rare. — M. *Arias*.)

192. H. Serripes. *Quensel*. Commun. Comme le précédent. Dijon. (Beaune. — M. *Arias*.)

193. H. Anxius. *Duft*. Pas commun. Sous les pierres dans les lieux humides. Dijon, fontaine près de l'Asile des aliénés; octobre. (Beaune; printemps. — M. *Arias*.)

194. H. Servus. *Duft*. Pas commun. Sous les pierres dans les endroits un peu humides. Printemps. Dijon, bord de l'Ouche près du moulin Vesson. (Beaune; rare.—M. *Arias*.)

STENOLOPHUS. *Meg.*

195. S. Vaporariorum. *Meg.* Assez commun. Sous les pierres dans les endroits humides, surtout près de l'eau. Avril, mai, juin, octobre. Dijon, rare; fontaine près de l'Asile des aliénés; combe Saint-Joseph, janvier; chemin de Morvau, près de Mirande, au bord d'un fossé. Flavignerot, dans la combe. Corcelles-les-Monts, près d'une petite fontaine qui se trouve dans les champs à l'est du Mont-Afrique. (Combe de Fixin. — M. *Tarnier*.) Fixin, bois près du chemin de fer, en fauchant. (Beaune. — M. *Arias*.) (Rouvray. — M. *Emy*.)

196. S. Melanocephalus. *Findel.* — Vaporariorum. Variété Nigriceps. *Dej.* Commun. Sous les pierres et les mousses dans les lieux humides au bord de l'eau. Avril, mai, juin, juillet, octobre. Dijon, fontaine près de l'Asile des aliénés; contre-fossé au midi du Canal près du chemin de fer de Paris à Lyon; fontaine de Larrey, le soir au vol en mai par un temps très-chaud, et la journée au bord du ruisseau; bord du ruisseau qui sort du clos de Pouilly, sous les feuilles mortes, au pied des saules. Chevigny-Saint-Sauveur, au bord du ruisseau qui est au nord du petit bois du château. (Beaune. — M. *Arias*.)

197. S. Elegans. *Dej.* Rare. Sous les pierres dans les endroits humides, et au vol le soir par les temps très-chauds. Mai. Dijon, fontaine près de l'Asile des aliénés; sur un chemin au nord de la ville, au vol. Flavignerot, près de la fontaine au bas du château. (Rouvray; pas rare, sous les détritus dans les mares desséchées. — M. *Emy*.)

198. S. Vespertinus. *Ill.* (Rouvray. — M. *Emy*.)

ACUPALPUS. *Latr.*

199. S. Consputus. *Duft.* Très-rare. Un seul exemplaire trouvé à la fontaine de Larrey, le soir, au vol, le 12 juin, par un temps très-chaud.

200. S. Suturalis. *Ziegl.* (Rouvray. — M. *Emy*.)

201. S. BRUNNIPES. *Duft.* — ATRATUS. *Dej.* Rare. Sous les pierres dans les endroits humides. Environs de Dijon.

202. S. DORSALIS. *F.* (Beaune; sous les pierres, au printemps; rare. — M. *Arias.*)

203. S. MERIDIANUS. *Linn.* Commun. Sous les pierres, surtout dans les endroits humides. Printemps, automne, quelquefois en hiver. Dijon, bord de l'Ouche; mur derrière le Parc du côté de Longvic; contre-fossé au midi du Canal, etc. (Beaune. — M. *Arias.*) (Rouvray. — M. *Emy.*)

204. S. FLAVICOLLIS. *Sturm.* — LIMBUS. *Dej.* Commun. Sous les pierres dans les endroits humides au bord de l'eau. Printemps, automne. Dijon, fontaine près de l'Asile des aliénés; au bas du mur du clos de Pouilly près le chemin de Ruffey, sous les feuilles mortes; au bas du mur de Montmuzard, près du petit ruisseau contre la route de Gray. Plombières, combe de Neuvon, en fauchant. Marsannay-la-Côte, dans la combe, en fauchant. Saint-Nicolas-lez-Cîteaux, au bord du chemin dans la forêt, en fauchant.

205. S. NIGRICEPS. *Dej.* Pas commun. Sous les pierres dans les endroits humides près de l'eau. Printemps. Dijon, fontaine près de l'Asile des aliénés; bord de l'Ouche, etc.

206. S. EXIGUUS. *Dej.* Pas commun. Sous les pierres au bord de l'eau. Printemps. Dijon, contre-fossé au midi du Canal près du chemin de fer de Paris à Lyon, etc.

BRADYCELLUS. *Erich.* — *ACUPALPUS. Latr.*

207. B. RUFULUS. *Dej.* Gevrey, bord du grand étang de Satenay, sous les pierres, et le soir au vol. Rare; trouvé seulement deux exemplaires. Avril, juin.

HISPALIS. *Rambur.* — *ACUPALPUS. Latr.*

208. H. METALLESCENS. *Dej.* Pas commune. Sous les pierres dans les endroits humides. Avril, juin. Dijon, derrière le

mur du Parc du côté de Longvic. Saint-Nicolas-lez-Cîteaux, dans la forêt, en fauchant. (Beaune; errante; printemps. — M. *Arias*.) (Rouvray; assez rare. — M. *Emy*.)

TRECHUS. *Clairv*.

209. T. Discus. *F*. Très-rare. Au vol, le soir, par les temps très-chauds, au bord de l'eau. Juin, juillet. Dijon, fontaine de Larrey; bord de l'Ouche près du moulin Bernard. Gevrey, chemin de Saulon, au bord du grand étang de Satenay; sous les détritus près du petit étang de Satenay, dans le bois d'aulnes; août, septembre.

210. T. Longicornis. *Sturm*. — Littoralis. *Ziegl*. Très-rare. Dijon, sablière près de l'Allée-de-la-Retraite, dans le sable au bord de l'eau. Avril. (Beaune; mare près de la station du chemin de fer; avril. — M. *Péragallo*.)

211. T. Minutus. *F*. — Rubens. *Clairv*. Très-commun. Sous les mousses, les feuilles sèches, les détritus, les écorces du bas des arbres, etc.; dans les endroits humides, surtout au bord de l'eau, et au vol par les soirées très-chaudes. Printemps, été. Dijon, Parc, sous les écorces de platane et d'autres arbres; fontaine de Larrey, sous les écorces de saule, et surtout au vol. Plombières, combe de Neuvon, en fauchant. Gevrey, bord du petit étang de Satenay. (Beaune; bord des ruisseaux; pas commun. — M. *Arias*.) (Rouvray; commun. — M. *Emy*.)

212. T. Secalis. *Payk*. (Rouvray; pas commun; sous les mousses au pied des aulnes dans les ruisseaux en partie desséchés. — M. *Emy*.)

BEMBIDIUM. *Latr*. — *BLEMUS. Ziegl*.

213. B. Areolatum. *Creutz*. Assez commun. Dijon, dans le sable fin et humide; au bord de l'Ouche, entre le Parc

et Longvic. Mai à août. (Rouvray. Montberthaut, bord du
Serein, sous les petites pierres roulées ou le gros sable. —
M. *Emy*.)

TACHYS. Meg.

214. B. Bistriatum. *Duft*. Assez commun. Sous les pierres
et les détritus dans les endroits humides au bord de l'eau.
Printemps, automne. Dijon, fontaine près de l'Asile des
aliénés; contre-fossé au midi du Canal près du chemin de
fer de Paris à Lyon; bord de l'Ouche près du moulin Vesson; mur au nord du clos de Pouilly. Gevrey, bord du petit
étang de Satenay, dans le bois d'aulnes. (Pontailler; mousses
humides. — M. *Dudrumel*.) (Beaune. — M. *Arias*.) (Rouvray. — M. *Emy*.)

215. B. Platypterus. *Sturm*. — Rufescens. *Dej*. (Rouvray; bord du ruisseau près du moulin Bierry; 7 mai. —
M. *Emy*.)

216. B. Quinque striatum. *Gyll*. — Pumilio. *Duft*. Trouvé
assez communément sous des écorces de noyer à Dijon, dans
un jardin donnant sur le rempart du Château. Chambolle,
au vol dans le village.

217. B. Quadrisignatum. *Duft*. Très-rare. Trouvé sur le
sable humide au bord de l'Ouche derrière le Parc, au-dessous du pont du chemin de fer de Besançon, le 6 septembre.

NOTAPHUS. Meg.

218. B. Undulatum. *Sturm*. Pas rare. Sous la mousse et
sur la boue humide au bord de l'eau. Printemps, été, automne. Dijon, fontaine près de l'Asile des aliénés; fontaine
de Larrey; bord de l'Ouche; sablière près de l'Allée-de-la-
Retraite, dans le sable humide au bord de l'eau.

219. B. Ustulatum. *Linn*. Pas commun. Sur la boue hu-
mide au bord de l'eau. Juillet. Dijon, bord de l'Ouche.
(Beaune; bord des ruisseaux et des mares; commun. —
M. *Arias*.)

BEMBIDIUM. *Meg.*

220. B. Ærosum. *Erich.* — Striatum. *F.* Commun. Sur le sable et la boue humide au bord de l'eau. Mars, avril, juillet, août. Dijon, bord de l'Ouche, surtout derrière le Parc du côté de Longvic. (Rouvray. — M. *Emy.*)

221. B. Bipunctatum. *Linn.* (Beaune; bord des ruisseaux et des mares; rare; printemps. — M. *Arias.*)

PERYPHUS. *Meg.*

222. B. Modestum. *F.* Très-rare. Dijon, bord de l'Ouche derrière le Parc du côté de Longvic, sur le sable humide. Juillet.

223. B. Rupestre. *Ill.* Commun. Sur le sable humide au bord de l'eau. Presque toute l'année, mais surtout par les basses eaux. Dijon, bords de l'Ouche et de Suzon; fontaine près de l'Asile des aliénés. Blaisy, bord du ruisseau au midi du village. (Beaune.   M. *Arias.*) (Rouvray. — M. *Emy.*)

224. B. Andreæ. *F.* — Cruciatum. *Dej.* (Dijon. — M. *Nodot,* d'après M. *Emy.*)

225. B. Femoratum. *Gyll.* Rare. Sables humides au bord de l'eau. Dijon, bord de l'Ouche derrière le Parc; août; sablière près de l'Allée-de-la-Retraite; fin avril.

226. B. Cursor. *F.* — Obsoletum. *Dej.* (Beaune; un seul exemplaire au printemps. — M. *Arias.*)

227. B. Coeruleum. *Dej.* Environs de Dijon; très-rare.

228. B. Tibiale. *Duft.* (Beaune; bord des ruisseaux et des mares; rare. — M. *Arias.*)

229. B. Decorum. *Zenker.* Très-commun. Sur le sable au bord de l'eau. Printemps, été. Dijon, bord de l'Ouche derrière le Parc; sablières près de l'Allée-de-la-Retraite et de la route d'Auxonne. (Rouvray. — M. *Emy.*)

230. B. Rufipes. *Ill.* Pas rare. Sur le sable et le sol humide au bord de l'eau. Printemps, été, automne; quelquefois en hiver. Dijon, fontaine près de l'Asile des aliénés; fontaine de Larrey; bord de Suzon; sur la barrière au-dessus du débarcadère du chemin de fer, etc. Blaisy-Bas, au bord

du ruisseau près du bois. Gevrey, bord du petit étang de Satenay, sous les détritus. (Rouvray; sur le sable au bord du ruisseau près du moulin Bierry. — M. *Emy.*)

Variété BRUNNICORNE. *Dej.* (Rouvray. — M. *Emy.*)

251. B. ELONGATUM. *Dej.* (Rouvray ; avec le *Trechus secalis.* — M. *Emy.*)

LEJA. Meg.

252. B. VELOX. *Erichs.* (Beaune ; bord des mares ; printemps. — M. *Arias.*)

253. B. CELERE. *F.* Commun. Sous les détritus et les pierres dans les lieux humides et voisins de l'eau. Avril, mai, juin. Dijon, bord de Suzon ; mur au nord du clos de Pouilly ; contre-fossé au midi du Canal près du chemin de fer de Paris à Lyon. Fixin, dans le bois près du chemin de fer, sous des ételles humides dans une coupe. Chambolle, au vol dans le village. (Beaune. — M. *Arias.*)

254. B. ÆTURMII. *Panz.* Rare. Endroits humides au bord de l'eau. Printemps. Dijon, contre-fossé au midi du Canal près du chemin de fer ; chemin de la rente de Morvau, au bord d'un fossé humide.

255. B. TENELLUM. *Erichs.* Dijon ; un seul exemplaire trouvé au bord du ruisseau de la fontaine près de l'Asile des aliénés ; 9 octobre.

256. B. MINIMUM. *F.* — PUSILLUM. *Gyll.* Dijon ; un seul exemplaire trouvé sur le sable humide au bord de l'eau d'une sablière près de la route d'Auxonne ; 16 avril. (Rouvray ; commun. — M. *Emy.*)

257. B. PULCHRUM. *Gyll.* Environs de Dijon ; un seul exemplaire.

258. B. ASSIMILE. *Gyll.* Très-commun, à Dijon ; sous les pierres et les détritus au bord de l'eau du contre-fossé au midi du Canal près du chemin de fer ; fin février, mars, mai. Gevrey, bord du petit étang de Satenay, sous les détritus dans le bois d'aulnes ; septembre. (Rouvray. — M. *Emy.*)

259. B. OBTUSUM. *Sturm.* Pas commun. Sous les pierres,

les mousses et les détritus dans les lieux humides au bord de l'eau. Printemps, automne. Dijon, fontaine près de l'Asile des aliénés; mur au nord du clos de Pouilly. (Rouvray; commun. — M. *Emy.*)

240. B. Guttulum. *F.* Pas commun. Bord de l'eau sous les pierres et les détritus. Printemps, automne. Dijon, fontaine près de l'Asile des aliénés; Parc, au vol. Gevrey, bord du petit étang de Satenay.

241. B. Biguttatum. *F.* Commun; comme le précédent dans les mêmes localités et aux mêmes époques. (Beaune; rare. — M. *Arias.*) (Rouvray. — M. *Emy.*)

242. B. Vulneratum. *Dej.* Commun. Comme les précédents; trouvé, en outre, sur les bords de l'Ouche.

243. B. Æneum. *Germ.* (Beaune; un seul exemplaire; printemps. — M. *Arias.*)

LOPHA. Meg.

244. B. Quadriguttatum. *Pontopp.* Commun. Sur le sable et la terre humide au bord de l'eau. Printemps, été, automne. Dijon, fontaine près de l'Asile des aliénés; bords de l'Ouche et de Suzon; sablières près de l'Allée-de-la-Retraite et de la route d'Auxonne. Blaisy-Bas, bord du ruisseau près du bois. (Beaune; rare. — M. *Arias.*) (Rouvray. — M. *Emy.*)

245. B. Laterale. *Dej.* Rare. Dijon; sablière près de l'Allée-de-la-Retraite; printemps.

246. B. Quadripustulatum. *F.* Rare. Environs de Dijon. (Rouvray. — M. *Emy.*)

247. B. Quadrimaculatum. *Linn.* Commun. Comme le *Quadriguttatum.* (Beaune; rare. — M. *Arias.*) (Rouvray; commun. — M. *Emy.*)

248. B. Articulatum. *Panz.* Très-commun. Au bord des eaux stagnantes et courantes, sur le sable et la terre humide et sous les pierres. Printemps, automne. Dijon, fontaine près de l'Asile des aliénés; bords de l'Ouche et de Suzon; contre-fossé au midi du Canal près du chemin de fer; sa-

blières près de la route d'Auxonne. Talant, mare à l'ouest du village. (Beaune. — M. *Arias.*) (Rouvray. — M. *Emy.*)

TACHYPUS. *Meg.*

249. B. Pallipes. *Duft.* (Beaune; sous des plantes; printemps et automne. — M. *Arias.*)

250. B. Flavipes. *Linn.* Pas commun. Sur la terre humide près de l'eau. Printemps, automne. Dijon, bord de l'Ouche; barrière au-dessus du débarcadère du chemin de fer. Flavignerot, près de la fontaine. Gevrey, en fauchant dans la combe près de la fontaine, et près du petit étang de Satenay sous les détritus dans le bois d'aulnes. (Beaune; sous des plantes; printemps et automne. — M. *Arias.*) (Rouvray. — M. *Emy.*)

DYTISCI.

DYTISCUS. *Linn.*

251. D. Dimidiatus. *Bergst.* (Auxonne. — M. *Turnier.*)

252. D. Punctulatus. *F.* Commun. Dans les eaux stagnantes. Printemps, automne. Dijon, lit de Suzon, lorsque l'eau commence à se retirer et à ne plus couler; sablière près de l'Allée-de-la-Retraite, etc. (Beaune. — M. *Arias.*) (Rouvray. — M. *Emy.*)

253. D. Marginalis. *Linn.* Commun. Comme le précédent et dans les mêmes lieux. Dijon. (Beaune. Rouvray.)

254. D. Circumflexus. *F.* Pas commun. Dijon, sablière près de l'Allée-de-la-Retraite. Printemps. (Beaune; mares. — M. *Arias.*)

ACILIUS. *Leach.*

255. A. Sulcatus. *Linn.* Pas rare. Eaux stagnantes. Printemps, automne. Dijon, sablière près de l'Allée-de-la-Retraite; fontaine Sainte-Anne; bas des tours du Château, etc. Chambolle, fontaine de Chaignot sur la montagne. Villenote, près Semur. (Beaune. — M. *Arias.*) (Rouvray. — M. *Emy.*)

HYDATICUS *Leach.*

256. H. Hybneri. *F.* Rare. Eaux stagnantes. Environs de Dijon. (Beaune; mares; automne; pas commun. — M. *Arias.*) (Rouvray. — M. *Emy.*)

257. H. Transversalis. *F.* Rare. Environs de Dijon. Eaux stagnantes.

GRAPHODERUS. *Esch.*

258. H. Cinereus. *Linn.* Rare. Eaux stagnantes. Dijon. (Beaune; mares; automne; pas commun. — M. *Arias.*)

CYBISTER. *Curtis.* — *TROCHALUS. Esch.*

259. C. Roeselii. *F.* Rare. Dijon, Creux-d'Enfer. (Pontailler-sur-Saône, dans un fossé au bord de la Saône; octobre. — M. *Dudrumel.*) (Beaune; près d'une mare; automne. — M. *Arias.*) (Rouvray. — M. *Emy.*)

COLYMBETES. *Clairv.* — *CYMATOPTERUS. Esch.*

260. C. Fuscus. *Linn.* Commun. Eaux stagnantes. Printemps, automne. Dijon, bas des tours du Château; bas du glacis au-dessus du moulin Vesson; sablière près de l'Allée-de-la-Retraite. (Beaune. — M. *Arias.*) (Rouvray. — M. *Emy.*)

RANTUS. *Esch.*

261. C. Conspersus. *Gyll.* — Notatus. *F.* Commun. Eaux stagnantes. Printemps, automne. Dijon, bas des tours du

Château; sablière près de l'Allée-de-la-Retraite. Villenote, près Semur; septembre. (Beaune. — M. *Arias*.) (Rouvray. — M. *Emy*.)

262. C. Notatus. *F.* (Beaune; mares; pas commun. — M. *Arias*.)

263. C. Collaris. *Payk.* — Adspersus. *F.* Pas commun. Eaux stagnantes. Printemps. Dijon, sablière près de l'Allée-de-la-Retraite. (Beaune. — M. *Arias*.)

264. C. Adspersus. *F.* — Agilis. *F.* Rare. Eaux stagnantes. Printemps. Dijon, sablière près de l'Allée-de-la-Retraite. (Beaune. — M. *Arias*.) (Rouvray. — M. *Emy*.)

ILYBIUS. *Erich.* — *COLYMBETES. Clairv.*

265. I. Ater. *De Géer.* Pas rare. Automne. Dijon, fossés du Château. (Beaune. — M. *Arias*.)

266. I. Quadriguttatus. *Dej.* (Beaune; mares; pas commun ; automne. — M. *Arias*.) (Rouvray. — M. *Emy*.)

267. I. Fenestratus. *F.* (Rouvray; rare. — M. *Emy*.)

268. I. Fuliginosus. *F.* Pas rare. Eaux stagnantes. Printemps, automne. Dijon, bas des tours du Château; sablière près de l'Allée-de-la-Retraite. (Beaune. — M. *Arias*.) (Rouvray. — M. *Emy*.)

269. I. Meridionalis. *Dej.* (Dijon, sablière près de l'Allée-de-la-Retraite ; printemps. — M. *Tarnier*.)

AGABUS. *Leach.* — *LIOPTERUS. Esch.*

270. A. Agilis. *F.* — Oblongus. *Ill.* Rare. Dijon, sablière près de l'Allée-de-la-Retraite ; printemps.

COLYMBETES. Clairv.

271. A. Femoralis. *Payk.* (Rouvray. — M. *Emy*.)

272. A. Sturmii. *Sch.* (Rouvray; rare; mare de la Corne-des-Trois-Bois . — M. *Emy*.)

273. A. Chalconotus. *Kugel.* — Chalconatus. *Panz.* Rare.

Eaux stagnantes. Printemps, automne. Dijon, sablière près de la route d'Auxonne. Gevrey, mare près de la station du chemin de fer. (Beaune. — M. *Arias.*)

274. A. Maculatus. *Linn.* Pas rare. Eaux stagnantes et courantes. Printemps, été. Dijon, dans l'Ouche, au bas du glacis au-dessus du moulin Vesson et derrière le Parc du côté de Longvic ; sablière près de l'Allée-de-la-Retraite. (Rouvray ; sous les pierres du Rut-de-Bas lorsqu'il est desséché. — M. *Emy.*)

275. A. Didymus. *Oliv.* Pas rare. Eaux stagnantes et courantes. Dijon. (Beaune. — M. *Arias.*)

276. A. Brunneus. *F.* (Rouvray ; pas commun ; sous les pierres des ruisseaux. — M. *Emy.*)

277. A. Paludosus. *F.* Pas rare. Eaux stagnantes et courantes. Printemps, été, automne. Dijon, fontaine près de l'Asile des aliénés, sous la mousse et dans l'eau. Chevigny-Saint-Sauveur, ruisseau au nord du petit bois qui est devant le château. (Beaune ; pas commun. — M. *Arias.*) (Rouvray ; pas commun. — M. *Emy.*)

278. A. Bipunctatus. *F.* Pas rare. Eaux stagnantes. Printemps, été. Dijon, sablière près de l'Allée-de-la-Retraite. Gevrey, mare près de la station du chemin de fer. (Beaune ; décembre. — M. *Arias.*) (Rouvray. — M. *Emy.*)

279. A. Guttatus. *Payk.* Pas commun. Chambolle, dans un seau d'eau dans le village ; juin. (Rouvray. — M. *Emy.*)

280. A. Nitidus. *F.* — Biguttatus. *Oliv.* Pas commun. (Fixin. Gevrey ; juin. — M. *Tarnier.*) (Rouvray. — M. *Emy.*)

281. A. Bipustulatus. *Linn.* Très-commun. Printemps, été, automne. Eaux stagnantes et courantes. Dijon, bas des tours du Château ; sablières près de l'Allée-de-la-Retraite et de la route d'Auxonne ; dans l'Ouche, au bas du glacis au-dessus du moulin Vesson, etc. (Beaune. — M. *Arias.*) (Rouvray. — M. *Emy.*)

LACCOPHILUS. *Leach.*

282. L. Hyalinus. *De Géer.* Obscurus. *Panz.* Commun.
Eaux stagnantes. Printemps, automne. Dijon, bas des tours
du Château; sablières près de l'Allée-de-la-Retraite et de
la route d'Auxonne. Villenote, près Semur; septembre.
(Beaune. — M. *Arias.*)

283. L. Minutus. *Linn.* Comme le précédent, mais moins
commun. Printemps, automne. Dijon, bas des tours du
Château. Gevrey, sablière près de la gare du chemin de fer.
(Beaune. — M. *Arias.*) (Rouvray. — M. *Emy.*)

NOTERUS. *Clairv.*

284. N. Crassicornis. *Müller.* — Capricornis. *Herbst.* Pas
commun. Eaux stagnantes. Environs de Dijon. (Beaune;
rare; printemps. — M. *Arias.*) (Rouvray. — M. *Emy.*)

285. N. Sparsus. *Marsh.* — Crassicornis. *F.* Pas rare.
Eaux stagnantes. Automne. Dijon, au bas des tours du
Château. (Beaune. — M. *Arias.*)

PAELOBIUS. *Sch.* — HYGROBIA. *Latr.*

286. P. Hermanni. *F.* Rare. Eaux stagnantes. Printemps.
Dijon, sablière près de l'Allée-de-la-Retraite; bas des tours
du Château.

HYDROPORUS. *Clairv.*

287. H. Duodecimpustulatus. *F.* Rare. Trouvé à Dijon
vis-à-vis la Combe-aux-Serpents, sous une pierre dans le
Canal qui était mis à sec depuis quelques jours.

288. H. Elegans. *Ill.* — Depressus. *F.* Pas commun. Environs de Dijon. (Rouvray. — M. *Emy.*)

289. H. Halensis. *F.* — Areolatus. *Ill.* Commun. Eaux

stagnantes. Printemps, automne. Dijon, au bas des tours du Château ; lit de Suzon, lorsque l'eau cesse de couler. Corcelles-les-Monts, fontaine de la Combe-aux-Serpents. Gevrey, sablière près de la gare du chemin de fer. Villenote, près Semur.

290. H. PICIPES. *F*. Commun. Eaux stagnantes. Printemps, automne. Dijon, bas des tours du Château ; sablière près de l'Allée-de-la-Retraite. (Beaune. — M. *Bourlier*.)

291. H. PARALLELOGRAMMUS. *Ahrens*. — DISTINCTUS. *Dej*. — CONSOBRINUS. *Kunze*. Trouvé une seule fois le 19 septembre, à Dijon, au bas des tours du Château.

292. H. DORSALIS. *F*. Pas commun. Environs de Dijon.

293. H. SEXPUSTULATUS. *F*. Commun. Eaux stagnantes. Fin février, mars, printemps et automne. Dijon, au bas des tours du Château ; lit de Suzon, lorsque l'eau ne coule plus ; sablières près de l'Allée-de-la-Retraite et de la route d'Auxonne ; contre-fossé au midi du Canal près du chemin de fer. Gevrey, sablière près de la gare. Villenote, près Semur. (Beaune. — M. *Arias*.) (Rouvray. — M. *Emy*.)

294. H. PALUSTRIS. *Linn*. (Beaune. — M. *Arias*.)

295. H. ERYTHROCEPHALUS. *F*. Pas commun. Dijon, bas des tours du Château. Septembre.

296. H. PLANUS. *F*. Très-commun. Eaux stagnantes. Printemps. Dijon, sablière près de la route d'Auxonne. Plombières, combe de Neuvon, près d'une source, en fauchant sur l'herbe. Gevrey, sablière près de la gare. Blaisy-Bas, sous les lentilles d'eau, *Lemna*, dans les parties stagnantes du ruisseau au midi du village. Villenote, près Semur ; septembre. (Beaune. — M. *Arias*.) (Rouvray. — M. *Emy*.)

297. H. PUBESCENS. *Gyll*. Pas commun. Environs de Dijon.

298. H. MARGINATUS. *Duft*. — NEGLECTUS. *Dej*. Pas commun. Environs de Dijon.

299. H. PICEUS. *Sturm*. (Beaune. — M. *Arias*.) (Rouvray. — M. *Emy*.)

300. H. Nigrita. *F.* Pas rare. Eaux stagnantes. Printemps. Dijon, sablière près de la route d'Auxonne. Plombières, combe de Neuvon, en fauchant sur l'herbe près d'une source. Gevrey, sablière près de la gare. (Beaune. — M. *Bourlier.*)

301. H. Tristis. *Payk.* (Rouvray. — M. *Emy.*)

302. H. Lineatus. *F.* Rare. Environs de Dijon.

303. H. Flavipes. *Oliv.* Pas rare. Eaux stagnantes. Printemps, automne. Dijon, au bas des tours du Château. Gevrey, sablière près de la gare. (Beaune. — M. *Bourlier.*) (Rouvray. — M. *Emy.*)

304. H. Granularis. *Linn.* Pas rare. Eaux stagnantes. Février, printemps. Dijon, contre-fossé au midi du Canal près du chemin de fer de Paris à Lyon. Gevrey, sablière près de la gare. (Beaune. — M. *Arias.*)

305. H. Geminus. *F.* Très-commun. Eaux stagnantes. Printemps, automne. Dijon, au bas des tours du Château; sablière près de la route d'Auxonne. Villenote, près Semur. (Beaune. — M. *Arias.*) (Rouvray. — M. *Emy.*)

306. H. Minutissimus. *Dej.* J'ai trouvé une seule fois un certain nombre d'exemplaires de cette espèce, à Dijon, dans le Canal récemment mis à sec, sous une pierre dans l'écluse qui est vis-à-vis la Combe-aux-Serpents, en août.

307. H. Bicarinatus. *Claire.* — Cristatus. *Dej.* Pas rare. Gevrey, sablière près de la gare. Avril.

308. H. Pictus. *F.* Pas commun. Environs de Dijon. (Beaune. — M. *Arias.*) (Rouvray. — M. *Emy.*)

309. H. Confluens. *F.* Rare. Environs de Dijon. (Rouvray. — M. *Emy.*)

310. H. Inæqualis. *F.* Commun. Dijon, au bas des tours du Château; 19 septembre. (Beaune. — M. *Arias.*)

HYPHYDRUS. *Ill.*

311. H. Ferrugineus. *Linn.* — Ovatus. *Linn.* Pas rare. Eaux stagnantes. Printemps, automne. Dijon, sablière près de l'Allée-de-la-Retraite; Canal, lorsqu'il est presque à sec. (Beaune. — M. *Arias.*) (Rouvray; étang de Pierre-Blanche. — M. *Emy.*)

HALIPLUS. *Latr.*

312. H. Elevatus. *Panz.* Rare. Eaux stagnantes et courantes. Printemps, été. Dijon, dans l'Ouche, au bas du glacis qui est avant le moulin Vesson, par les basses eaux; sablière près de l'Allée-de-la-Retraite; trouvé aussi sur la barrière au-dessus du débarcadère de Dijon.

313. H. Obliquus. *F.* Rare. Dijon, bas des tours du Château. Septembre.

314. H. Impressus. *F.* — Flavicollis. *Sturm.* Rare. Environs de Dijon. (Rouvray. — M. *Emy.*)

315. H. Fulvus. *F.* — Ferrugineus. *Linn.* (Rouvray. — M. *Emy.*) (Dijon, sablière près de l'Allée-de-la-Retraite; mai. — M. *Tarnier.*)

316. H. Badius. *Dej.* Rare. Environs de Dijon. (Beaune. M. *Bourlier.*)

317. H. Variegatus. *Erich.* (Rouvray. — M. *Emy.*)

318. H. Cinereus. *Aubé.* Commun. Dijon, bas des tours du Château. Septembre.

319. H. Ruficollis. *De Géer.* — Impressus. *F.* Commun. Dijon, bas des tours du Château. Septembre. (Beaune. — M. *Bourlier.*)

320. H. Lineatocollis. *Marsh.* — Bistriolatus. *Duft.* Commun. Eaux stagnantes et courantes. Printemps, automne. Dijon, fontaine de Larrey; sablière près de la route d'Auxonne, etc. (Beaune. — M. *Arias.*) (Rouvray. — M. *Emy.*)

CNEMIDOTUS. *Ill.* — HALIPLUS. *Lat.*

321. C. Coesus. *Duft.* Assez commun. Eaux stagnantes. Printemps, automne. Dijon, au bas des tours du Château; sablière près de la route d'Auxonne. (Beaune. — M. *Bourlier.*)

322. C. Rotundatus. *Dej.* Rare. Environs de Dijon.

GYRINI.

GYRINUS. *Geoffroy.*

323. G. Minutus. *F.* (Rouvray. — M. *Emy.*)

324. G. Natator. *Linn.* Très-commun. A la surface des eaux stagnantes et quelquefois des eaux courantes. Toute l'année. Dijon, sablières près de l'Allée-de-la-Retraite et près de la route d'Auxonne; fontaine de Larrey; fossés remplis d'eau au bord des chemins; ruisseau qui sort du clos de Pouilly, etc. Gevrey, ruisseau près de la ferme du Pontot sur le chemin de Saulon. Chambolle, etc. (Beaune. — M. *Arias.*) (Rouvray. — M. *Emy.*)

325. G. Bicolor. *Payk.* (Beaune. — M. *Arias.*) (Rouvray. — M. *Emy.*)

326. G. Colymbus. *Erich.* — Variété Elongatus. *Dahl.* Rare. Environs de Dijon.

327. G. Marinus. *Gyll.* Environs de Dijon; rare. (Rouvray; commun. — M. *Emy.*)

Variété Dorsalis. *Gyll.* — M. *Emy* a trouvé plusieurs fois ce joli *Gyrinus* à Rouvray, dans les étangs de Bucher, en juillet.

ORECTOCHILUS. *Esch.*

528. O. Villosus. *F*. Assez commun. Dijon, au-dessous des chutes d'eau, dans les endroits où il y a du sable et où l'eau est tranquille; dans l'Ouche, au-dessous du glacis du moulin Vesson; derrière le Parc, au-dessous du barrage, sous les pierres au bord de l'eau et celles qui sont dans l'eau et un peu concaves en dessous; l'insecte se trouve à la surface inférieure de la pierre, et il faut le chercher dans les mois de juin, juillet et août, lorsque les eaux sont très-basses. Trouvé aussi au Creux-de-la-Poutre, près l'écluse de Larrey, et dans une sablière près de l'Allée-de-la-Retraite. (Environs de Rouvray; bords du Serein. — M. *Emy.*)

HYDROPHILI.

HELOPHORUS. *F.*

529. H. Rugosus. *Oliv.* (Beaune; sous les pierres au bord des eaux; pas très-commun. — M. *Arias.*) (Rouvray; pas commun. — M. *Emy.*)

530. H. Nubilus. *F.* Rare. Villenote, près Semur, en fauchant sur la lisière du bois de Champeaux, au bord d'un fossé. Septembre. (Pontailler-sur-Saône; sous les mousses humides, dans les bois au bord de la Saône; octobre. — M. *Dudrumel.*)

531. H. Aquaticus. *Linn.* — Grandis. *Ill.* Assez commun. Eaux stagnantes. Mai, juin. Dijon, sablière près de l'Allée-de-la-Retraite. Gevrey, sablière près de la station du chemin de fer. (Beaune. — M. *Arias.*) (Rouvray. — M. *Emy.*)

552. H. GRANULARIS. *Linn.* — MINUTUS. *F.* Très-commun. Eaux stagnantes. Printemps, été, automne. Dijon, sablières près de l'Allée-de-la-Retraite et de la route d'Auxonne ; bas des tours du Château ; près du glacis au-dessus du moulin Vesson dans une souche de peuplier carié, etc. Plombières, combe de Neuvon, en fauchant. Gevrey, dans la sablière près de la gare et au bord du petit étang de Satenay sous les détritus. Blaisy-Bas, au bord du ruisseau au midi du village. Chambolle, au vol le soir dans la combe. Villenote, près Semur. (Beaune. — M. *Arias.*) (Rouvray. — M. *Emy.*)

HYDROCHUS. *Germ.*

553. H. CARINATUS. *Germ.* — COSTATUS. *Dej.* (Beaune ; printemps ; pas commun. — M. *Arias.*)

554. H. ELONGATUS. *Schaller.* Dijon, assez commun dans le contre-fossé au midi du Canal, près du chemin de fer de Paris à Lyon ; février, mars ; en remuant les pierres, les feuilles mortes et les détritus dans l'eau, l'insecte vient à la surface. (Rouvray ; commun. — M. *Emy.*)

555. H. CRENATUS. *F.* (Rouvray ; pas commun. — M. *Emy.*)

OCHTEBIUS. *Leach.*

556. O. EXSCULPTUS. *Müller.* Commun. Eaux courantes, sous les pierres. Juin, juillet, août. Dijon, dans l'Ouche entre le Parc et Longvic, au-dessous du barrage, par les basses eaux ; pris aussi vers le pont de la Colombière et vers le pont du chemin de fer de Paris à Lyon. Gevrey, au bas du déchargeoir du grand étang de Satenay.

557. O. PYGMÆUS. *F.* — RIPARIUS. *Ill.* Pas rare. Eaux stagnantes. Mars. Dijon, contre-fossé au midi du Canal près du pont du chemin de fer ; en remuant les pierres, les feuilles, etc., ces insectes montent à la surface de l'eau. Trouvé aussi dans une sablière près de l'Allée-de-la-Retraite.

HYDRAENA. *Kugel.*

558. H. RIPARIA. **Kugel.** — LONGIPALPIS. *Sch.* Assez commune. Eaux courantes. Sous les pierres et la mousse. Mars, juillet, août, octobre. Dijon, dans l'eau au bord de l'Ouche près de l'écluse de Larrey ; au bas du glacis de Vesson et au bas du barrage entre le Parc et Longvic ; Jardin des Plantes dans le petit ruisseau près de la maisonnette en pierres, lorsqu'il est presque à sec.

559. H. ANGUSTATA. *Dej.* Pas rare. Se trouve comme la précédente. Dijon, dans l'eau au bord de l'Ouche au bas du glacis près de Vesson. Octobre.

540. H. PULCHELLA. *Sturm.* Pas rare. Sous la mousse qui garnit les pierres et les racines, dans l'eau au bord de l'Ouche au-dessous du glacis qui est avant le moulin Vesson, et près de l'écluse de Larrey. Juillet, août, octobre.

LIMNEBIUS. *Leach.* — *HYDROBIUS. Leach.*

541. L. TRUNCATELLUS. *Thunb.* Environs de Dijon. Eaux stagnantes. (Rouvray. — M. *Emy.*)

542. L. PAPPOSUS. *Muls.* Commun. Eaux stagnantes. Printemps. Dijon, sablière près de la route d'Auxonne. Corcelles-les-Monts ; fontaine de la Combe-aux-Serpents. (Beaune. — M. *Bourlier.*)

545. L. NITIDUS. *Marsh.* Un seul exemplaire, trouvé aux environs de Dijon.

544. L. ATOMUS. *Duft.* Un seul exemplaire, trouvé le 17 avril à Dijon sous une pierre dans l'eau d'une sablière près de la route d'Auxonne.

BEROSUS. *Leach.*

545. B. Æriceps. *Curtis.* — Signaticollis. *Charp.* Pas commun. Environs de Dijon. (Beaune. — M. *Bourlier.*) (Rouvray. — M. *Emy.*)

546. B. Luridus. *Linn.* (Rouvray. — M. *Emy.*)

547. B. Affinis. *Brullé.* — Punctatissimus. *Dej.* Pas rare. Eaux stagnantes. Printemps, automne. Dijon, bas des tours du Château. Gevrey, sablière près de la gare. (Beaune. — M. *Bourlier.*)

HYDROPHILUS. *Geoffroy.*

548. H. Piceus. *Linn.* Pas commun. Eaux stagnantes. Plombières, entre le Canal et l'Ouche. (Pontailler-sur-Saône; dans l'eau d'un fossé près de la Saône; octobre. — M. *Dudrumel.*) (Beaune; automne. — M. *Arias.*) (Rouvray. — M. *Emy.*)

M. *le D*ʳ *Vallot* a trouvé autrefois cet insecte et la coque construite par sa femelle aux Petites-Roches, près Dijon; mais les travaux faits dans cette propriété ne permettraient pas de l'y retrouver aujourd'hui.

HYDROUS. *Linn.* — *HYDROPHILUS. F.*

549. H. Caraboides. *Linn.* Pas rare. Eaux stagnantes. Printemps, automne. Dijon, bas des tours du Château; petite mare près du vieux Suzon; au bord d'un ruisseau près du pâquier de Bray, sur des plantes aquatiques. (Beaune. — M. *Arias.*) (Rouvray. — M. *Emy.*)

HYDROBIUS. *Leach.*

550. H. Oblongus. *Herbst.* — Picipes. *Duméril.* Pas commun. Environs de Dijon. (Rouvray. — M. *Emy.*)

531. H. Fuscipes. *Linn.* — Scarabæoides. *F.* Pas rare. Eaux stagnantes ou peu courantes. Été, automne. Dijon, fontaine près de l'Asile des aliénés, sous la mousse au bord du ruisseau; bas des tours du Château. Blaisy-Bas, sous des lentilles d'eau, *Lemna,* dans les parties profondes et peu courantes du ruisseau qui est entre le village et le bois. (Beaune. — MM. *Arias* et *Bourlier.*) (Rouvray. — M. *Emy.*)

532. H. Globulus. *Payk.* Commun. Eaux stagnantes. Printemps, été, automne. Dijon, sablière près de la route d'Auxonne, bas des tours du Château, contre-fossé au midi du Canal près du pont du chemin de fer. Gevrey, sablière près de la gare; et au bord du petit étang de Satenay, sous les détritus dans le bois d'aulnes. (Beaune.— M. *Bourlier.*)

LACCOBIUS. *Erich.* — HYDROBIUS. *Leach.*

533. H. Minutus. *Linn.* — Bipunctatus. *F.* Très-commun. Eaux stagnantes. Printemps, automne. Dijon, dans les parties peu courantes de l'Ouche; sablières près l'Allée-de-la-Retraite et la route d'Auxonne, etc. Plombières, déchargeoir du Canal. Gevrey, sablière près de la gare. (Beaune. — M. *Arias.*) (Rouvray. — M. *Emy.*)

HELOCHARES. *Muls.* — HYDROBIUS. *Leach.*

534. H. Lividus. *Forster.* — Griseus. *F.* Très-commun. Eaux stagnantes. Printemps, automne. Dijon, sablières près l'Allée-de-la-Retraite et la route d'Auxonne, bas des tours du Château. Gevrey, sablière près de la gare. (Beaune. — M. *Arias.*) (Rouvray. — M. *Emy.*)

PHILHYDRUS. *Solier.* — HYDROBIUS. *Leach.*

535. P. Melanocephalus. *Oliv.* Rare. Environs de Dijon. (Beaune. — M. *Bourlier.*) (Rouvray; mares près le Jarnois; mai. — M. *Emy.*)

356. P. Marginellus. *F.* — Affinis. *Payk.* Var. Marginellus. Pas rare. Eaux stagnantes. Printemps, automne.
Dijon, bas des tours du Château, sablière près la route
d'Auxonne. (Beaune. — M. *Bourlier.*)

CYLLIDIUM. *Erich.* — HYDROBIUS. *Leach.*

357. C. Seminulum. *Payk.* — Hemisphericus. *Dej.* Rare.
Environs de Dijon. (Rouvray. — M. *Emy.*)

CYCLONOTUM. *Dej.* — HYDROBIUS. *Leach.*

358. C. Orbiculare. *F.* Pas commun. Eaux stagnantes,
sous les pierres en partie hors de l'eau. Printemps. Dijon,
contre-fossé au midi du Canal, près du pont du chemin de
fer; sablière près de l'Allée-de-la-Retraite. (Beaune. —
MM. *Arias, Bourlier* et *André.*) (Rouvray. — M. *Emy.*)

SPHÆRIDIUM. *F.*

359. S. Scarabæoides. *Linn.* Très-commun. Dans les excréments de vache et de cheval. Printemps, été, automne.
Dijon, près de Mirande, etc. (Beaune. — M. *Arias.*) (Rouvray. — M. *Emy.*)

360. S. Bipustulatum. *F.* Très-commun. Se trouve
comme le précédent et aux mêmes époques. Dijon, près de
Mirande, etc. Je l'ai trouvé aussi dans un amas de raves en
putréfaction près de Talant, le 14 mai. (Beaune.—M. *Arias.*)
(Rouvray. — M. *Emy.*)

CERCYON. *Leach.*

361. C. Obsoletum. *Gyll.* Pas commun. Dijon, près de
Mirande, dans les excréments de vache. Août.

362. C. Hæmorrhoidale. *F.* Pas commun. Excréments de
vache, plantes en putréfaction, mousses humides au bord

de l'eau. Printemps, été, automne. Dijon, près de Mirande, dans les excréments de vache ; fontaine près de l'Asile des aliénés, sous la mousse humide. Talant, dans un amas de raves en putréfaction. (Beaune. — M. *André*.) (Rouvray; commun. — M. *Emy*.)

363. C. HÆMORRHOUM. *Gyll*. Pas commun. Excréments de vache. Printemps. Environs de Dijon. (Beaune. — MM. *Arias* et *Bourlier*.)

364. C. UNIPUNCTATUM. *Linn*. Commun. Dans les excréments de vache et de cheval. Printemps. Environs de Dijon. (Beaune. — M. *Arias*.)

365. C. QUISQUILIUM. *Linn*. — UNIPUNCTATUM. Mâle. *F*. Très-commun. Dans les excréments de vache et de cheval ; par les soirées chaudes il vole sur les routes autour des excréments de cheval. Printemps, été. Dijon, près de Mirande, route de Gray, route de Paris par Plombières, prés du vallon de l'Ouche après la fauchaison, etc., Gevrey, Blaisy-Bas, en fauchant dans le bois. (Beaune. — MM. *Arias* et *Bourlier*.) (Rouvray. — M. *Emy*.)

366. C. CENTRIMACULATUM. *Sturm*. Pas commun. Été. Dijon, le soir au vol dans la ville quand il fait très-chaud.

367. C. PYGMÆUM. *Ill*. Pas commun. Excréments de vache. Été. Dijon, près de Mirande. (Beaune.—MM. *Bourlier* et *André*.)

368. C. AQUATICUM. *Steph*. Pas rare. Sous les pierres et les plantes en décomposition au bord de l'eau. Printemps, été. Dijon, contre-fossé au midi du Canal, près du pont du chemin de fer. Gevrey, près du petit étang de Satenay, en fauchant. (Beaune. — M. *Bourlier*.)

369. C. FLAVIPES. *F*. Commun. Dans les excréments de vache, au vol près de ces excréments et dans les matières végétales en décomposition. Printemps, été. Dijon, près de Mirande ; rempart de Tivoli, au vol. Talant, dans un amas de raves en décomposition. (Beaune. — M. *André*. Dans un champignon ; M. *Arias*.)

370. C. Melanocephalum. *Linn.* Pas commun. Environs de Dijon. (Rouvray. — M. *Emy.*)

371. C. Lugubre. *Payk.* — Minutum. *F.* Var. Lugubre. *Gyll.* Rare. Environs de Dijon. (Rouvray. — M. *Emy.*)

372. C. Anale. *Payk.* Rare. Environs de Dijon. (Beaune, sous les meules de foin, octobre. — M. *Bourlier.*)

MEGASTERNUM. *Muls.* — CERCYON. *Leach.*

373. M. Boletophagum. *Erich.* — Minutum. *Gyll.* Pas commun. Sous les pierres, les matières végétales en décomposition, et dans les bois sur les arbres morts et abattus et sur les plantes. Printemps. Dijon, au nord de la ville, entre le chemin d'Ahuy et celui de Fontaine, sous une pierre qui recouvrait une rave en décomposition et dans l'intérieur de cette rave; intérieur du Parc, au vol près d'un arbre coupé. Fixin, bois près du chemin de fer, en fauchant. (Beaune, sous des meules de foin; octobre.—MM. *Bourlier* et *André.*) Villenote, près Semur, en fauchant sur la lisière du bois de Champeaux; octobre.

CRYPTOPLEURUM. *Muls.* — CERCYON. *Leach.*

374. C. Atomarium. *F.* Très-commun. Dans les excréments de vache et de cheval, et souvent aussi au vol autour de ces excréments sur les routes et les chemins, par les soirées chaudes. Printemps, été. Dijon, au vol le soir dans les rues et sur les remparts, près de Mirande, route de Paris par Plombières, etc. Fontaine-lez-Dijon, sous des pierres recouvrant un fumier; octobre. (Beaune. — MM. *Bourlier* et *André.*) (Rouvray. — M. *Emy.*)

PARNI.

—

PARNUS. *F.*

575. P. Prolifericornis. *F.* Commun. Dans les eaux stagnantes. Février, mars. Printemps, été. Dijon, contre-fossé au midi du Canal, près du pont du chemin de fer. Longvic, dans les parties de l'Ouche où l'eau est peu profonde et presque stagnante, dans le temps des basses eaux. (Rouvray. — M. *Emy.*)

576. P. Viennensis. *Dahl.* Pas commun. Longvic, dans les parties de l'Ouche où l'eau est presque stagnante et peu profonde, en remuant le gros sable couvert de matière végétale verte. Été.

577. P. Auriculatus. *Ill.* Pas commun. Blaisy-Bas, au bord du ruisseau dans les parties où l'eau n'est pas courante, vers le bois; juillet. (Rouvray. — M. *Emy.*)

578. P. Substriatus. *Müll.* — Dumerilii. *Latr.* Rare. Environs de Dijon.

—

ELMIDES.

—

LIMNIUS. *Müll.* — *ELMIS. Latr.*

579. L. Tuberculatus. *Müll.* Commun. Sous les pierres dans l'eau. Été. Dijon, au bas du glacis qui est au-dessus du moulin Vesson; dans le Canal lorsqu'il est à sec, sous les pierres; etc. Plombières, combe de Neuvon, en fauchant sur les herbes près d'une petite source. (Beaune.—M. *Bour-lier.*)

ELMIS. *Latr.*

380. E. ÆNEUS. *Steph.* Très-commun. Dans l'eau sous les pierres, surtout au bas des chutes ou des barrages, quand les eaux sont basses. Printemps, été. Dijon, au bas du glacis qui est au-dessus du moulin Vesson ; fontaine de Larrey ; dans l'Ouche près de l'écluse de Larrey, et entre le Parc et Longvic au bas du barrage ; Jardin botanique, dans le petit ruisseau près de la maisonnette en pierre ; trouvé aussi le soir en fauchant sur les prés au bord de l'Ouche. Plombières, combe de Neuvon en fauchant près d'une petite source. Màlain, dans le ruisseau près du viaduc. Gevrey, déchargeoir du grand étang de Satenay. (Beaune ; près de Gigny, dans le ruisseau de Rhoin ; octobre. — MM. *Arias* et *Bourlier*.)

381. E. MAUGETII. *Latr.* (Beaune ; pas rare ; avec le précédent. Octobre. — M. *Bourlier*.)

382. E. VOLKMARI. *Latr.* Rare. Dans l'eau sous les pierres. Été, quelquefois au printemps. Dijon, au bas du glacis qui est au-dessus du moulin Vesson, quand l'eau est basse. (Beaune ; avec le précédent. — MM. *Arias, André* et *Bourlier*.)

583. E. PARALLELIPIPEDUS. *Steph.* Commun. Comme l'*Æneus* et aux mêmes époques. Dijon, dans l'Ouche, au bas du glacis du moulin Vesson, et près de l'écluse de Larrey contre la prise d'eau pour le Canal ; Jardin botanique. (Châtillon-s.-S. — M. *Gontard*, d'après M. *Emy*.) (Beaune. — MM. *Bourlier* et *André*.)

584. E. PYGMEUS. *Müll.* Un seul exemplaire. Environs de Dijon.

585. E. CUPREUS. *Steph.* Assez commun. Été. Dijon, sous les pierres dans l'Ouche, au bas du glacis au-dessus du moulin Vesson. (Beaune. — M. *Bourlier*.)

586. E. SUBVIOLACEUS. *Heer.* (Beaune ; pas rare. — M. *Bourlier*.)

587. E. NITENS. *Müll.* Rare ; environs de Dijon.

STENELMIS. — *Dufour*.

388. S. Canaliculatus. *Dufour*. Deux exemplaires de cet insecte ont été pris par M. *Tarnier*, à Dijon, dans l'Ouche, au bas du glacis qui est au-dessus du moulin Vesson, le 25 août 1851.

HETEROCERI.

HETEROCERUS. *Bosc.*

389. H. Marginatus. *F.* Assez commun. Sous les pierres, dans la terre humide et le sable au bord de l'eau. Printemps. Dijon, fontaine près de l'Asile des aliénés, sablière près de la route d'Auxonne. (Environs de Rouvray, sur la rive gauche du Serein. — M. *Emy*.)

SILPHÆ.

NECROPHORUS. *F.*

390. N. Germanicus. *Linn.* Pas rare. Sous les cadavres d'animaux ou dans l'intérieur de ces cadavres, surtout ceux de chiens et de taupes. Avril à juillet. Dijon, autour de la ville, surtout sur les chemins de Fontaine, de la Charmette, de la fontaine des Suisses, de la rente de Morvau, et à la Combe-aux-Serpents. (Beaune.—M. *Arias*.)

391. N. Humator. *F.* Pas rare. Sous les cadavres dans les bois. Avril, mai. Dijon: au Parc; trouvé aussi une fois près de la petite place Saint-Bernard, dans les champs. (Fixin. — M. *Tarnier.*) Chambolle. (Rouvray. — M. *Emy.*)

592. N. Vespillo. *Linn.* Très-commun. Sous les cadavres, surtout ceux de petits animaux. Printemps. Dijon, partout, autour de la ville, Combe-aux-Serpents, etc. (Fixin. — M. *Tarnier.*) (Beaune. — M. *Arias.*) (Rouvray. — M. *Emy.*)

593. N. Vestigator. *Hersch.* Commun. Sous les cadavres, dans les champs au bord des chemins. Printemps. Dijon, autour de la ville, surtout au nord. (Rouvray. — M. *Emy.*)

Variété Cadaverinus. *Dej.* Avec le précédent; trouvé en outre à la Combe-aux-Serpents. J'ai trouvé une fois cet insecte sur des excréments de renard.

594. N. Fossor. *Erich.* Pas rare. Sous les cadavres. Printemps, été, automne. Dijon, sur les chemins autour de la ville; chemin de Daix, Jardin botanique, etc.

595. N. Sepultor. *Charp.* Rare. Chambolle, sous les cadavres, dans les bois.

596. N. Mortuorum. *F.* Pas commun. Dans les bois, au printemps, sous les cadavres, et en automne dans les champignons. Dijon, au Parc. Ruffey. Chambolle. (Beaune. — M. *Arias.*) (Rouvray. — M. *Emy.*)

NECRODES. *Wilkin.*

597. N. Littoralis. *Linn.* Commun. Sous les cadavres de gros animaux, chevaux, chiens, etc., ou dans l'intérieur de ces cadavres, dans les champs ou dans les bois, trouvé une fois dans un cadavre de crapaud. Printemps. Dijon, entre le Parc et Longvic; sur le chemin de la rente de Morvau. (Beaune. — M. *Arias.*) (Rouvray. — M. *Emy.*)

Variété Simplicipes. *Dej.* Dijon, au Parc, etc. (Rouvray. — M. *Emy.*) (Châtillon-s.-S. — M. *Goutard,* d'après M. *Emy.*)

SILPHA. *Lin.*

398. S. Thoracica. *Linn.* Pas rare. Dans les bois, sous et sur les cadavres de petits animaux, quelquefois sur les excréments de renard et les champignons. Printemps, automne. Dijon, intérieur du Parc. Flavignerot, au vol et sur des cadavres. (Fixin. — M. *Tarnier.*) Chambolle. (Beaune. — M. *Arias.*) (Rouvray. — M. *Emy.*)

399. S. Rugosa. *Linn.* Commun. Sous les cadavres. Printemps. Dijon, chemin de la rente de Morvau, chemin entre celui de Fontaine et celui d'Ahuy, etc., Combe-aux-Serpents. Trouvé une fois sur le chemin de Marsannay-la-Côte sur un amas de hannetons, *Melolontha vulgaris,* écrasés. (Beaune. — M. *Arias.*) (Rouvray. — M. *Emy.*)

400. S. Sinuata. *F.* Commun. Comme le précédent, à la même époque et dans les mêmes localités; trouvé aussi sur des hannetons écrasés. (Fixin. — M. *Tarnier.*) (Beaune. Rouvray.)

401. S. Dispar. *Herbst.* (Rouvray; très-rare. Femelle. — M. *Emy.*)

402. S. Quadripunctata. *F.* Commun. Dans les bois, sur les chênes, à l'extrémité des branches, où il fait la chasse aux chenilles. Du 24 avril au 8 juin. Dijon, trouvé deux fois au bord du Canal du côté de Larrey sur les tiges d'herbe, intérieur du Parc par terre. Fixin, bois de la plaine près du chemin de fer, en fauchant (dans la combe en secouant les baliveaux, et sous les pierres. — M. *Tarnier.* 30 avril). Gevrey. Epernay. Chambolle. (Beaune; peupliers et chênes. — M. *Arias.*) (Rouvray; commun, suivant les années. — M. *Emy.*)

403. S. Reticulata. *F.* Rare. Avril, juin. Dijon, Combe-aux-Serpents sur une tige d'herbe. Chambolle, sous les pierres. (Fixin; sous les pierres, au bord du chemin, dans la combe. — M. *Tarnier.*) (Beaune; cadavres; été. — M. *Arias.*)

404. S. Tristis. *Ill.* (Rouvray; très-rare. — M. *Emy.*)

405. S. Obscura. *Linn.* Commun. Dans les champs,
après les moissons. Juillet, août. Dijon, au bord du chemin
au midi de Montmuzard, derrière le Parc près du chemin
de fer de Besançon. Gevrey, près du petit étang de Satenay,
sous une pierre.

406. S. Polita. *Sulz.* — Lævigata. *F.* Pas rare. Dans
les bois par terre et sous les pierres, quelquefois hors des
bois. Mai. Dijon, chemin de Marsannay-la-Côte. Chambolle.
(Fixin. — M. *Tarnier.*) (Beaune; cadavres; printemps et
été. — M. *Arias.*) (Rouvray; rare. — M. *Emy.*)

407. S. Atrata. *Linn.* Commun. Sous les pierres ou sur
la terre, surtout dans les bois. Printemps, été. Dijon, bord
de l'Ouche près du moulin Vesson. Flavignerot. Gevrey,
sous les détritus dans le bois d'aulnes près du petit étang de
Satenay. Chambolle.(Pontailler; sous les mousses humides;
octobre.— M. *Dudrumel.*) (Beaune; cadavres.— M. *Arias.*)
(Rouvray. — M. *Emy.*)

CATOPS. F.

408. C. Angustatus. *F.* — Oblongus. *Latr.* Pas commun.
Lieux humides et ombragés. Juin. Combe de Neuvon à Da-
rois, en fauchant. (Beaune; printemps; rare. — M. *Arias.*)
(Rouvray. — M. *Emy.*)

409. C. Agilis. *Ill.* Commun. Dans les lieux humides et
ombragés; dans les bois; dans les rues et les maisons, sur
les murs à l'ombre, ou au vol. Printemps, été. Dijon, dans
la ville. Marsannay-la-Côte, contre le rocher de la fontaine
de Gouville. Plombières, combe de Neuvon à Darois, en
fauchant. Flavignerot. Chambolle, sous une écorce de ra-
cine de noyer abattu. (Beaune. — MM. *Arias* et *André.*)
(Rouvray. — M. *Emy.*)

410. C. Castaneus. *And. St.* Pas commun. Environs de
Dijon. (Beaune. — M. *André.*)

411. C. Cisteloides. *Frœlich.* Pas commun. Environs de
Dijon. (Beaune. — M. *Boutlier.*)

412. C. Fuscus. *Panz.* — Rufescens. *F.* (Rouvray. Commun dans les maisons. — M. *Emy.*)

413. C. Picipes. *F.* — Major. *Dej.* Rare. Dans les bois sous les pierres. Mai. Chambolle, sur la lisière du bois, près des champs de Curley. (Fixin. — M. *Tarnier.*) (Rouvray. — M. *Emy.*)

414. C. Nigricans. *Spence.* Pas commun. Plombières, combe de Neuvon à Darois, en fauchant. Juillet. (Beaune. — M. *Bourlier.*)

415. C. Tristis. *Panz.* Pas commun. Mai. Gevrey, bord du petit étang de Satenay, au pied des souches d'aulne, sous les détritus.

416. C. Chrysomeloides. *Panz.* Pas rare. Mai. Fixin, bois près du chemin de fer sous des ételles humides, dans une coupe en exploitation.

417. C. Quadraticollis. *Aubé.* Un seul exemplaire. Environs de Dijon.

418. C. Fumatus. *Spence.* — Agilis. *F.* Pas rare. Mai, juillet. Dijon, près de la fontaine des Suisses, sous un cadavre de musaraigne. Fixin. Trouvé avec le *Chrysomeloides.* (Beaune. — M. *Bourlier.*)

419. C. Velox. *Spence.* Un seul exemplaire. Environs de Dijon.

420. C. Sericeus. *F.* — Truncatus. *F.* Commun. Sous les pierres, dans les détritus, et courant par terre. Printemps, été. Dijon, derrière le mur du Parc du côté de Longvic; chemin près de la promenade de Montchapet. Gevrey, bord du chemin de Saulon, près de la ferme du Pontot, dans le terreau au bas d'un saule creux dans lequel se trouvaient des *Formica Fuliginosa.* Saint-Nicolas-lez-Cîteaux, en tamisant de la poussière de bois qui se trouvait au pied d'un arbre creux. (Beaune : sous des meules de foin; octobre. — MM. *André* et *Bourlier.*)

421. C. Coracinus. *Kellner.* Rare. Environs de Dijon.

CATOPSIMORPHUS. *Aubé.*

422. C. Arenarius. *Hampe.* — **Pilosus.** *Muls.* J'ai trouvé un seul exemplaire de cette espèce près des piles de bois à brûler, au bord du bassin du Canal, le 28 juillet, le soir, au vol, par un temps chaud.

COLON. *Herbst.* — *CATOPS. F.*

423. C. Affinis. *Sturm.* Pas commun. Dans les bois ombragés, en fauchant, surtout vers la fin du jour. Juillet. Plombières, combe de Neuvon à Darois. Fixin, bois près du chemin de fer.

424. C. Angularis. *Erichs.* Un seul exemplaire. Plombières, combe de Neuvon à Darois, en fauchant. 8 juillet.

425. C. Nanus. *Erichs.* Assez rare. Trouvé avec le précédent, à la même époque.

SCAPHIDII.

SCAPHIDIUM. *Oliv.*

426. S. Quadrimaculatum. *Oliv.* Un exemplaire a été trouvé le 22 avril par M. *Dudrumel* à Gevrey, dans le bois qui est à gauche du chemin de Saulon, sur une branche pourrie gisant par terre. (Rouvray; pas rare; sous les écorces et en battant les haies sèches. — M. *Emy.*)

SCAPHISOMA. *Leach.* — *SCAPHIDIUM. F.*

427. S. Agaricinum. *Linn.* Pas rare. Sous les écorces d'arbres morts où se trouvent des cryptogames, sur le bois mort et les champignons qui croissent sur les arbres morts. Mai, juin, juillet, septembre. Dijon, au Parc, sous une pile de bois mort. Fixin, bois près du chemin de fer, sous des ételles humides dans une coupe en exploitation. Gevrey, bord du petit étang de Satenay sous les détritus ; et près du chemin de Saulon, vers la ferme du Pontot, sur des champignons croissant sur un tronc de saule mort. (Rouvray. — M. *Emy.*)

428. S. Boleti. *Panz*. Rare. Environs de Dijon.

TRICHOPTERYX.

TRICHOPTERYX. *Kirby*. — *PTILIUM. Schüppel.*

429. T. Atomaria. *De Géer*. Commune. Dans les excréments de vache et d'autres animaux ; au vol, près des fumiers et des ordures. Printemps, été. Dijon, intérieur du Parc, sous un amas d'herbe et de mousse ; fossés du cours du Parc, au vol au premier printemps ; près de Mirande, dans les excréments de vache, etc. Fixin, bois près du chemin de fer, en fauchant. Gevrey, bord du petit étang de Satenay, dans le bois d'aulnes, sous les détritus, et en fauchant. (Beaune. — M. *André*. Sous des meules de foin ; octobre. — M. *Bourlier*.)

450. T. Fascicularis. *Herbst*. Pas commune. Environs de Dijon. Même *habitat* que le précédent.

451. T. Intermedia. *Gillm*. — Grandicollis. *Er. Mark.* Pas rare. Juillet. Plombières, combe de Neuvon à Prenois, en fauchant. Gevrey, bord du petit étang de Satenay, en fauchant, etc.

452. T. Chevrolatii. *Allibert*. — Pygmæa. *Er.* Pas rare. Sous les détritus. Eté, automne. Dijon. Plombières, combe de Neuvon, dans une fourmilière de *Formica rufa*, un seul exemplaire, octobre. (Beaune ; sous des meules de foin ; octobre. — M. *Bourlier*.)

453. T. Montandoxii. *Allibert.* — Pumila. *Er.* Dijon, chemin de Daix, sous des pierres recouvrant du fumier; 16 juillet.

454. T. Guerixii. *Allibert.* Pas rare. Dans les excréments de vache et les fumiers. Printemps, été. Dijon, chemin de Daix. Fixin, bois près du chemin de fer, en fauchant.

PTILIUM. *Schüppel.*

455. P. Suturale. *Héer.* Rare. Trouvé en automne sous l'écorce humide d'une grosse branche de hêtre coupée sur le territoire de la commune de Concœur et Corboin, dans la ligne séparative entre le bois de Mantuan et les bois du château d'Entre-deux-Monts; quelques exemplaires. Trouvé aussi à Saint-Nicolas-les-Cîteaux, dans la forêt, sous l'é-corce d'une grosse branche pourrie, en septembre.

456. Apterum. *Guérin.* Chambolle, un seul exemplaire trouvé dans une maison. Automne.

457. P. Minutissimum. *Weber.* — Trisulcatum. *Aubé.* Pas très-rare. Sous les pierres recouvrant du fumier. Printemps, été. Dijon, chemin entre celui d'Ahuy et celui de Fontaine, chemin de Daix, chemin de la fontaine Sainte-Anne.

458. P. Exaratum. *Allibert.* Rare. Environs de Dijon, probablement dans les mêmes circonstances que le précédent.

459. P. Inquilinum. *Mark.* Pas rare. Dans les fourmilières de *Formica rufa.* Octobre, 1er novembre. Plombières, combe de Neuvon.

440. P. Kunzei. *Héer.* Pas commun. Juillet. Dijon, chemin de Daix, sous des pierres recouvrant du fumier. Gevrey, bord du petit étang de Satenay, en fauchant.

PTENIDIUM. *Erich.* — *PTILIUM. Schüpp.*

441. P. Pusillum. *Gyll.* Rare. Environs de Dijon. (Beaune, sous des meules de foin ; octobre. — M. *Bourlier.*)

442. P. Apicale. *Gyll.* Pas rare. Sous les pierres recouvrant du fumier. Printemps. Dijon, chemin entre celui d'Ahuy et celui de Fontaine, bord du Canal du côté de Plombières, fossés du cours du Parc, au vol. (Beaune, sous des meules de foin ; octobre. — M. *Bourlier.*)

NOSSIDIUM. *Erich.*

443. N. Pilosellum. *Marsh.* J'ai trouvé deux fois cette espèce à Dijon, au Parc ; la première fois le 5 août, en assez grande quantité sous des champignons et des végétaux en décomposition sur une souche d'arbre ; la deuxième fois le 22 septembre, au nombre de trois ou quatre exemplaires, sous la mousse humide d'une souche de charme. J'en ai trouvé, en outre, un exemplaire à Gevrey, près du petit étang de Satenay, en fauchant, en juillet.

ANISOTOMÆ.

HYDNOBIUS. — *Schmidt.* — *ANISOTOMA. F.*

444. H. Punctatus. *Erichs.* Pas commun. Juillet. Plombières, combes de Neuvon à Darois et de Neuvon à Prenois, en fauchant.

ANISOTOMA. *Knoch.*

445. A. Picea. *Ill.* (Rouvray ; rare. — M. *Émy.*)

446. A. Obesa. *Schmidt.* — Ferrugineum. *F.* Je n'ai trouvé que deux exemplaires de cet insecte, tous deux sur la neige,

où ils étaient probablement tombés en volant, par un temps peu froid et un beau soleil ; le premier, le 10 janvier, dans le bois de Chambolle, et, le deuxième, le 30 novembre, dans le bois appelé le Plain-de-Suzanne, territoire de Fleurey-sur-Ouche.

447. A. Flavescens. *Schmidt.* (Rouvray ; rare. — M. *Emy.*

448. A. Ovalis. *Schmidt.* Rare. Fixin, bois près du chemin de fer, en fauchant. Mai. Juillet.

449. A. Nigrita. *Schmidt.* Un seul exemplaire. Plombières, combe de Neuvon à Darois, en fauchant. Juillet.

450. A. Calcarata. *Erichs.* Pas rare. Juillet. Plombières, combes de Neuvon à Darois et de Neuvon à Prenois, en fauchant dans les endroits ombragés.

451. A. Badia. *Sturm.* Pas rare. Juillet. Plombières, combe de Neuvon à Prenois.

452. A. Hybrida. *Erichs.* Un seul exemplaire. Environs de Dijon, probablement une des combes de Neuvon.

453. A. Parvula. *Sahlberg.* Pas rare. Juillet. Plombières, combes de Neuvon à Darois et de Neuvon à Prenois, en fauchant.

CYRTUSA. *Erichs.*

454. C. Subtestacea. *Gyll.* Pas commune. Plombières, combe de Neuvon à Prenois, en fauchant. Juillet.

COLENIS. *Erich.* — ANISOTOMA. *Schmidt.*

455. C. Dentipes. *Gyll.* Commune. Dijon, au Jardin botanique sur un champignon, au bord du massif des sapins ; septembre. Plombières, combes de Neuvon à Darois et de Neuvon à Prenois, en fauchant ; juillet. Gevrey, bord du petit étang de Satenay, sous les détritus ; avril.

AGARICOPHAGUS. — *Schmidt.*

456. A. Cephalotes. *Schmidt.* Très-rare. Un seul exemplaire. Environs de Dijon, probablement à Plombières, dans la combe de Neuvon à Darois, en fauchant.

LIODES. *Erich.* — *ANISOTOMA. Knoch.*

457. L. Humeralis. *Kugel.* (Rouvray; pas commun; dans les chênes pourris et dans les champignons. — M. *Emy.*)

458. L. Axillaris. *Gyll.* (Beaune; dans les champignons, en septembre, dans les bois de la plaine; un seul exemplaire. — M. *André.*)

AMPHICYLLIS. *Erich.* — *AGATHIDIUM. Ill.*

459. A. Globus. *F.* Rare. Sur le bois mort. Mai, juin, juillet. Dijon, au Parc sur une pile de bois mort, coupé; fontaine de Larrey, le soir au vol. Plombières, combe de Neuvon à Darois, en fauchant. Fixin, bois près du chemin de fer, en fauchant et sous des ételles humides dans une coupe. (Rouvray. — M. *Emy.*)

460. A. Globiformis. *Sahlb.* Plus rare que le précédent. Dijon, Parc, sous des écorces de charmes morts et abattus, et sur du bois mort empilé. Mai.

AGATHIDIUM. *Ill.*

461. A. Nigripenne. *Kugel.* Pas commun. Sous les écorces d'arbres morts et abattus. Mars, mai, juillet. Dijon, au Parc, sous des écorces de charmes morts et abattus, et sur du bois mort empilé. (Rouvray. — M. *Emy.*)

462. A. Atrum. *Payk.* Rare. Trouvé trois exemplaires seulement : le premier, le 6 avril, au vol, à Dijon, à la Combe-aux-Serpents, le deuxième, le 5 juin, à Fixin, dans le bois qui est près du chemin de fer, sous des ételles humides, dans une coupe en exploitation ; enfin le troisième par terre, le 8 juillet, sur un chemin humide, à Plombières, dans la combe de Neuvon.

463. **A. Seminulum.** *Linn.* Rare. Saint-Nicolas-les-Cîteaux; avec l'espèce suivante.

464. **A. Badium.** *Ziegl.* Rare. Saint-Nicolas-les-Cîteaux, dans la partie en futaie de la forêt de Cîteaux, sous les écorces de charmes morts sur pied, le 31 juillet. (Rouvray, battue des haies sèches. — M. *Emy.*)

465. **A. Lævigatum.** *Erichs.* Deux exemplaires. Gevrey, bois d'aulnes près du petit étang de Satenay, sous un tas d'ételles ; 10 juin.

CLAMBUS. *Fisch.*

466. **C. Pubescens.** *Redt.* Rare. Dijon, dans la ville, sur le mur de la Préfecture, contre l'urinoir, à l'angle de la rue Neuve-Suzon. 25 juin.

467. **C. Armadillus.** *De Géer.* Commun. Sous les pierres. Mars, avril. Dijon, chemins entre celui d'Ahuy et celui de Fontaine ; chemin de Daix ; bord du Canal, du côté de Plombières, etc. Gevrey, dans la combe près de la fontaine, en fauchant, 11 juin. (Beaune, sous les meules de foin ; octobre. — M. *Bourlier.*)

CALYPTOMERUS. *Redt*

468. **C. Enshamensis.** *Westw.* Rare. Dijon, dans la ville, dans les caves, sous des morceaux de bois humide et sur des fruits. Septembre, novembre.

PHALACRI.

PHALACRUS. *Payk.*

469. P. Corruscus. *Panz.* Commun. Sous les écorces de platane et de sycomore. Janvier à avril. Dijon, au Parc. Chambolle. (Beaune. — MM. *Arias* et *Bourlier.*) (Rouvray. — M. *Emy.*)

470. P. Substriatus. *Gyll.* Pas rare. Environs de Dijon, en fauchant. (Beaune. — MM. *Arias* et *André.*)

OLIBRUS. *Erich.* — PHALACRUS. *Payk.*

471. O. Corticalis. *Sch.* Très-commun. Sous les écorces de platane et de sycomore. Janvier à avril, décembre. Dijon, au Parc. Talant, trouvé quelquefois le soir, au mois de mai, sur l'*Erysimum cheirifolium.* (Beaune. — MM. *Arias* et *Bourlier.*) (Rouvray. — M. *Emy.*)

472. O. Æneus. *Ill.* Rare. Environs de Dijon. (Beaune. — MM. *Arias* et *Bourlier.*)

473. O. Bicolor. *F.* Commun. Sur différentes plantes, notamment le *Carduus nutans.* Printemps, été. Dijon, vieux Suzon, etc. (Beaune. — M. *Bourlier.* Sous les écorces et en fauchant. — M. *Arias.*) (Rouvray. — M. *Emy.*)

474. O. Liquidus. *Erichs.* Pas commun. Environs de Dijon.

475. O. Affinis. *Sturm.* Rare. Juillet. Gevrey, bord du petit étang de Satenay. Plombières, combe de Neuvon. Blaisy-Bas, en fauchant dans le bois. (Villenote, près Semur. Septembre. — M. *Lombard.*) (Beaune. — M. *Arias.*)

476. O. Millefolii. *Payk.* Pas commun. Sur l'*Achillea millefolium.* Juillet, août. Dijon, entre le Canal et l'Ouche du côté de Plombières, chemin de Mirande par les Argentières, etc.

477. O. Pygmæus. *Sturm.* — Pusillus. *Dej.* Rare. Dijon, chemin de Daix, sur l'*Achillea millefolium.* Juillet.

478. O. Geminus. *Ill.* — Testaceus. *Gyll.* Commun. En fauchant, surtout dans les bois. Juin, juillet, août, septembre. Dijon, chemin de Daix, sur différentes plantes et au vol le soir; trouvé aussi sous les pierres en avril. Gevrey, dans la combe et dans le bois d'aulnes près du petit étang de Satenay. Villenote, près Semur. (Rouvray. — M. *Emy.*) (Beaune. — MM. *André* et *Bourlier.*)

479. O. Piceus. *Knoch.* Très-commun. En fauchant dans les endroits humides. Juillet, août, septembre. Gevrey, bois d'aulnes près du petit étang de Satenay, en fauchant et sous les détritus. Plombières, combe de Neuvon. Villenote, près Semur. (Beaune, sous les écorces; rare. — M. *Arias.*)

480. O. Immaculatus. *Latr.* (Rouvray. — M. *Emy.*)

481. O. Apicalis. *Latr.* (Rouvray. — M. *Emy.*)

NITIDULÆ.

CERCUS. *Latr.*

482. C. Pedicularius. *Linn.* Pas commun. Sur les plantes en fauchant. Juin. Saint-Nicolas-les-Cîteaux, dans la forêt de Cîteaux. (Beaune. — M. *Bourlier.*) (Rouvray. — M. *Emy.*)

483. C. Sambuci. *Erichs.* (Environs de Dijon. — M. *Tarnier.*)

484. — C. Rufilabris. *Latr.* — Rubicundus. *Dej.* Pas rare, en fauchant dans les endroits humides, surtout dans le voisinage des étangs. Juin. Gevrey; bord des étangs de Satenay. Fixin, fossés du chemin de fer près du bois. Saint-Nicolas-les-Cîteaux, dans la forêt de Cîteaux.

BRACHYPTERUS. *Kugel.* — *CERCUS. Latr.*

485. B. Gravidus. *Ill.* — Pelicarius. *Latr.* Pas rare. Sur les plantes et les fleurs, en fauchant. Juillet. Dijon, au bord des chemins de Daix, de Fontaine, etc. Blaisy-Bas, près du ruisseau. Gevrey, bord du petit étang de Satenay.

486. B. Pubescens. *Erich.* — Urticæ, var. c. *Gyll.* Commun. Sur les fleurs et les feuilles de l'ortie dioïque, *Urtica dioïca.* Fin juin, juillet. Dijon, chemin de Daix. Plombières, combe de Neuvon. Blaisy-Bas, près du ruisseau.

487. B. Urticæ. *F.* Environs de Dijon. (Beaune. — M. *Arias.*)

CARPOPHILUS. *Leach.* — *IPS. Dej.*

488. C. Hemipterus. *Linn.* — Bimaculatus. *Oliv.* (Rouvray. — M. *Emy.*)

489. C. Sexpustulatus. *F.* — Abbreviatus. *Panz.* Commun. Écorces humides d'arbres morts, abattus ou sur pied. Printemps, automne. Dijon, au Parc, sous les écorces de charme. Chambolle, écorces des souches de chêne. (Savigny, près Beaune, Fontaine-Froide, sous les écorces ; octobre. — M. *Bourlier.*) (Rouvray. — M. *Emy.*)

EPURÆA. *Erich.* — *NITIDULA. F.*

490. E. Decemguttata. *F.* (Environs de Dijon. – M. *Tarnier.*) (Rouvray. — M. *Emy.*)

491. E. Melina. *Erich.* Commune. Sur les fleurs. Juin. Environs de Dijon. Plombières, combe de Neuvon à Darois, en fauchant. (Rouvray. — M. *Emy.*) (Beaune. — M. *Bourlier.*)

492. E. Æstiva. *Linn.* — Depressa. *Ill.* Commune. Sur les fleurs et les plantes ; en fauchant. Avril, juin, juillet. Environs de Dijon. Plombières, combe de Neuvon. Gevrey, près du petit étang de Satenay. Fixin, bois près du chemin de fer. (Beaune. — MM. *André* et *Bourlier*. En battant les arbres ; printemps, été ; pas commune. — M. *Arias*.) (Rouvray. — M. *Emy*.)

492. E. Variegata. *Herbst*. Pas rare. Sous les écorces et en fauchant. Mai, juin, septembre. Plombières, combe de Neuvon à Darois, en fauchant. Dijon, au Parc, sur des troncs d'orme coupés et sous l'écorce. Saint-Nicolas-les-Cîteaux, forêt de Cîteaux, sur le suc suintant d'une souche. (Rouvray. — M. *Emy*.)

494. E. Parvula. *Sturm*. Pas commune. Sous les écorces d'arbres. Environs de Dijon.

495. E. Pygmæa. *Gyll*. Pas commune. Plombières, combe de Neuvon à Darois, 26 juin.

496. E. Pusilla. *Ill*. Un seul exemplaire. Environs de Dijon.

497. E. Longula. *Erichs*. Pas commune. Environs de Dijon.

498. E. Florea. *Erich*. — Æstiva. *Ill*. Pas rare. Dijon, au Parc, sur l'extrémité de troncs d'ormes coupés. Mai.

499. E. Melanocephala. *Marsh*. — Ferruginea. *Héer*. Pas commune. Environs de Dijon. Plombières, combe de Neuvon à Prenois, en fauchant. Juillet. (Beaune ; pas rare. — MM. *Arias, Bourlier* et *André*.)

500. E. Limbata. *F*. Un seul exemplaire. Gevrey, près de la ferme du Pontot, dans un saule mort et en décompostion ; 22 juillet.

NITIDULA. *F.*

501. N. Bipustulata. *Linn*. Pas rare. Sur le lard suspendu dans les maisons à la campagne. Mai, juin. Chambolle. Flavignerot, etc. (Beaune. — M. *Bourlier*. Sous les écorces ; rare. — M. *Arias*.) (Rouvray. — M. *Emy*.)

502. N. Obscura. *F*. Pas rare. Sur les fleurs et sous les

cadavres desséchés. Mai, juin, juillet, août. Dijon, chemin au midi de Montmuzard, sur un cadavre desséché. Plombières, combe de Neuvon à Darois, en fauchant. Flavignerot. Chambolle, sur des fleurs de campanule. (Beaune. — M. *Bourlier*. Sous les écorces; rare. — M. *Arias*.)

503. N. Quadripustulata. *F*. Pas commune. Sous les cadavres desséchés. Mai, juin. Dijon, au champ de manœuvre de la Maladière, chemin au midi de Montmuzard. (Beaune. — M. *Bourlier*.) (Rouvray. — M. *Emy*.)

SORONIA. Erich. — NITIDULA. F.

504. S. Punctatissima. *Ill*. Très-rare. Combe de Gevrey, en fauchant sur les pousses de chêne. Mai.

505. S. Grisea. *Linn*. — Variété Varia. *F*. Pas commune. Mai, juin. Combe de Gevrey en fauchant dans une coupe. Dijon, au vol près des saules le soir, à la fontaine de Larrey et près du ruisseau qui sort du clos de Pouilly. (Beaune; sous les écorces. — M. *Arias*.) (Rouvray ; commune. — M. *Emy*.)

AMPHOTIS. Erich. — NITIDULA. F.

506. A. Marginata. *F*. Pas rare. Sous les écorces, dans le bois pourri, sous les pierres, etc. Dijon, au Parc, dans le bois pourri au bas d'un charme creux, en société avec la *Formica fuliginosa*, septembre ; chemin près du vieux Suzon, sous une pierre avec la même espèce de fourmi, mai ; fontaine de Larrey, le soir au vol et en fauchant, juin. Plombières, combes de Neuvon à Darois et de Neuvon à Prenois, en fauchant, juin, juillet. Gevrey, sur le chemin de Saulon, près du bois, dans le terreau au pied d'un saule creux, en société avec la *Formica fuliginosa* ; août. Curley, bois des Liards, entre des plateaux de hêtre superposés dans une coupe. Fin septembre, 10 novembre. (Rouvray ; pas commune. — M. *Emy*.)

OMOSITA. *Erich.* — *NITIDULA. F.*

507. O. Depressa. *Linn.* — Sordida. *F.* Très-rare. Environs de Dijon. (Rouvray. — M. *Emy.*)

508. O. Colon. *Linn.* Rare. Avril, juin, juillet. Dijon, trouvée sur la barrière au-dessus du débarcadère du chemin de fer; le soir au vol, dans la ville et à la fontaine de Larrey. (Beaune. — MM. *André* et *Bourlier*. En battant les arbres; printemps. — M. *Arias.*) (Rouvray. — M. *Emy.*)

509. O. Discoidea. *F.* — Discoides. *F.* Pas rare. Sur les os provenant des aliments, surtout ceux de bœuf lorsqu'on les expose dans les cours ou les jardins. Avril, mai. Dijon. sur les os de bœuf, et quelquefois sur les vitres dans les maisons. Chambolle. (Rouvray. — M. *Emy.*)

PRIA. *Kirby.* — *NITIDULA. F.*

510. P. Dulcamare. *Ill.* Commune. Sur la douce-amère, *Solanum dulcamara,* sur la fleur et les feuilles de cette plante. Fin juin, juillet. Dijon, le long de l'Ouche, près des Blanchisseries et près de la route de Plombières. Talant, entre le village et la route de Plombières. Plombières, combe de Neuvon à Darois, en fauchant. Gevrey, près du petit étang de Satenay, sur le *Solanum;* et dans le bois d'aulnes, sous les détritus, le 3 septembre. (Beaune, — M. *André.*)

MELIGETHES. *Kirby.* — *NITIDULA. F.*

511. M. Rufipes. *Gyll.* Commun. Sur les plantes et les fleurs dans les bois, surtout les fleurs de campanules. Mai, juin. Plombières, combe de Neuvon à Darois, en fauchant. Fixin, bois près du chemin de fer, en fauchant dans une jeune taille. Chambolle. (Beaune. — MM. *Arias, André* et *Bourlier.* (Rouvray. — M. *Emy.*)

512. M. LUMBARIS. *Sturm.* — RUTIPES, var. b. *Gyll.* Pas commun. Environs de Dijon.

513. M. HEBES. *Erichs.* Un seul exemplaire. Environs de Dijon.

514. M. ÆNEUS. *F.* Très-commun. Sur les fleurs de différentes plantes et surtout des crucifères. Depuis le mois d'avril au commencement de juillet. Dijon, autour de la ville, dans les champs de navette, sur la fleur de cette plante ; au Parc, sur les fleurs de *Ficaria ranunculoides ;* sur la barrière au-dessus du débarcadère du chemin de fer, etc. Plombières, combe de Neuvon à Darois, en fauchant. Gevrey, bord du petit étang de Satenay. Blaisy-Bas, dans le bois en fauchant. Chambolle, sur différentes fleurs, pissenlit, etc. (Beaune. — **MM.** *Arias, Bourlier* et *André.*) (Rouvray. — M. *Emy.*)

515. M. VIRIDESCENS. *F.* — ÆNEUS. Var. VIRIDESCENS. *Dej.* Pas très-commun. Sur les plantes et les fleurs. Printemps, été. Dijon, au Parc, sur des fleurs de la petite pervenche, *Vinca minor.* Gevrey, près du grand étang de Satenay en fauchant dans un fossé. (Rouvray ; rare. — M. *Emy.*) (Beaune. — M. *André.*)

516. M. CORACINUS. *Sturm.* Pas commun. Plombières, combe de Neuvon. Juillet.

517. M. CORVINUS. *Erichs.* Pas rare. En fauchant dans les bois ombragés. Avril, mai. Dijon, au Parc, sur les fleurs de *Ficaria ranunculoides.* Fixin, bois près du chemin de fer. (Beaune. — **MM.** *Arias, Bourlier* et *André.*)

518. M. SUBRUGOSUS. *Gyll.* — PEDICULARIUS. Var. SUBRUGOSUS. *Dej.* Commun. Sur les fleurs d'*Helleborus fœtidus, Anemone pulsatilla, Ficaria ranunculoides* et autres fleurs printanières. Avril. Dijon, au Parc, à la Combe-aux-Serpents, etc. Plombières, combe de Neuvon, etc. Trouvé aussi en juillet.

519. M. SYMPHYTI. *Héer.* Pas rare. Dans les fleurs de

Symphytum officinale. Mai, juillet. Gevrey, bord du petit étang de Satenay.

520. M. Ochropus. *Sturm.* Gevrey, bord du petit étang de Satenay, en fauchant. Juin, juillet, septembre.

521. M. Pedicularius. *Gyll.* Pas rare. Environs de Dijon. Gevrey, bord du petit étang de Satenay. Juillet.

522. M. Serripes. *Gyll.* Commun. Environs de Dijon. (Beaune. — MM. *Arias, Bourlier* et *André.*)

523. M. Tristis. *Sturm.* Pas commun. Environs de Dijon.

524. M. Flavipes. *Sturm.* Pas commun. Avril, mai. Dijon, au Parc, sur les fleurs de *Ficaria ranunculoides.* Gevrey, bord du petit étang de Satenay, en fauchant.

525. M. Erythropus. *Gyll.* — Pedicularius. Var. Erythropus. *Dej.* Très-commun. Sur les fleurs. Mai, juin, septembre. Environs de Dijon. Talant, sur les fleurs d'*Erysimum cheirifolium.* Plombières, combe de Neuvon. Gevrey, bord du petit étang de Satenay. (Beaune. — M. *Bourlier.*) (Rouvray. — M. *Emy.*)

526. M. Sublevis. *Sturm.* Un seul exemplaire. Dijon, au bord de l'Ouche, près du moulin Vesson, sur les fleurs de *Spiræa ulmaria.* 12 août.

THALYCRA. *Erich.* — *STRONGYLUS. Herbst.*

527. T. Sericea. *Sturm.* Environs de Dijon. Je crois, mais sans en être bien certain, que l'unique exemplaire que je possède a été pris par moi, dans la combe de Neuvon, près de Darois, en juillet.

POCADIUS. *Erich.* — *STRONGYLUS. Herbst.*

528. P. Ferrugineus. *F.* (Environs de Dijon, au pied d'un frêne cassé sur la route de Gray, près de Montmuzard; mars. — M. *Nodot.*) Villenote, près Semur; pas rare dans

les lycoperdons, dans la partie sud-ouest du bois de Champeaux ; 22 octobre. (Rouvray. — M. *Emy*.)

CYCHRAMUS. *Kugel*. — STRONGYLUS. *Herbst*.

529. C. Fungicola. *Héer*. Plombières, combe de Neuvon à Darois, en fauchant, un seul exemplaire ; le 26 juin 1851. (Beaune. — MM. *Bourlier* et *André*. Pas rare.)

530. C. Luteus. *F*. Rare. Plombières, combe de Neuvon à Darois, en fauchant. Juillet. Chambolle, dans la combe sur des feuilles. (Beaune ; champignons ; automne ; commun. — MM. *Arias*, *Bourlier* et *André*.) (Rouvray ; pas commun. — M. *Emy*.)

CRYPTARCHA. *Schuck*. — STRONGYLUS. *Herbst*.

531. C. Strigata. *F*. (Rouvray. — M. *Emy*.)

532. C. Imperialis. *F*. (Environs de Dijon. — M. *Tarnier*. (Beaune ; rare. — M. *Arias*.) (Rouvray. — M. *Emy*.)

IPS. *F*.

533. I. Quadrinotata. *F*. (Rouvray ; plaies des chênes et autres arbres ; assez rare. — M. *Emy*.)

534. I. Quadripustulata. *Linn*. Létang-Vergy, sous une écorce de noyer abattu ; un exemplaire ; le 20 octobre 1841. (Rouvray ; comme le précédent. — M. *Emy*.)

RHIZOPHAGUS. *Herbst*.

535. R. Ferrugineus. *Payk*. (Rouvray ; pas commun ; sous les écorces. — M. *Emy*.)

536. R. Parallelocollis. *Gyll*. Pas très-rare. Sur le bois récemment coupé ou abattu. Avril, mai, mai, juin. Dijon, au Parc, sur du bois coupé, ou au vol près de ce bois ; chemin entre celui de Fontaine et celui d'Ahuy, le soir au vol, par un temps très-chaud. Villenote, près Semur, en fauchant dans le bois. (Beaune. — M. *Bourlier*.)

537. R. Bipustulatus. *F.* Commun. Sous les écorces d'arbres morts, sur pied ou abattus, et aussi sous l'écorce de la souche qui reste après que l'arbre est coupé. Hiver, printemps, automne. Dijon, au Parc, sous les écorces de charme et de platane. Chambolle, écorces de noyers et celles des souches dans les bois. (Savigny près Beaune, Fontaine-Froide. — M. *Bourlier*.) (Rouvray. — M. *Emy*.)

538. R. Politus. *Hellw.* Pas commun. Dans les bois, sous les écorces d'arbres abattus, sur les planches et autres bois récemment façonnés dans les coupes en exploitation. Avril, mai, juin, juillet, septembre. Fixin, bois près du chemin de fer. (Epernay. — M. *Saintpère*.) Chambolle. Saint-Nicolas-les-Cîteaux, forêt de Cîteaux, sous les écorces humides. (Rouvray; fort rare. — M. *Emy*.)

TROGOSITA. *Oliv.*

539. T. Mauritanica. *Linn.* — Caraboïdes. *F.* (Dijon; dans une maison dans la ville; 27 mai. — M. *Tarnier*.)

COLYDII.

—

DIODESMA. *Meg.*

540. D. Subterranea. *Ziegl.* Rare. Combe de Flavignerot, en battant des fagots. Avril, juin.

COXELUS. *Ziegl.*

541. C. Pictus. *Sturm.* Rare. Fixin, bois près du chemin de fer, sous des ételles humides, dans une coupe en exploitation. Mai. (Beaune. — M. *André*.) (Rouvray, très-commun en battant les haies sèches. — M. *Emy*.)

DITOMA. *Ill.* — *BITOMA. Herbst.*

542. D. Crenata. *F.* Commune. Dans les bois, sous les écorces d'arbres abattus et des souches restant après que les arbres sont coupés, sur le bois empilé dans les coupes, entre les planches, etc., et au vol le soir. Printemps, automne. Dijon, au parc, sous des écorces d'orme; chantiers de bois à brûler sur le bassin du Canal. Fixin, bois près du chemin de fer. Gevrey. Chambolle. Curley. Saint-Nicolas-les-Cîteaux. (Beaune. — M. *Arias.* Dans un chantier de charpentier, sous des écorces d'arbres; octobre. — M. *Bourlier.*) (Rouvray. — M. *Emy.*)

Variété Rufipennis. *F.* Avec le type de l'espèce. Elle n'est bien certainement due qu'à une transformation récente.

COLOBICUS. *Latr.*

543. C. Marginatus. *Latr.* Pas commun. Sous les écorces, sur le bois mort abattu et sur les troncs de tilleuls sur pied, mais qui commencent à être malades. Hiver, printemps. Dijon, au Parc, sous les écorces de sycomore et sur du bois empilé; Allée-de-la-Retraite, sur les tilleuls. Plombières, au bord de la route, sous des écorces de noyers abattus.

SYNCHITA. *Hellw.*

544. S. Juglandis. *F.* Rare. Dijon, Allée-de-la-Retraite, le soir sur les troncs de tilleuls qui commencent à se carier. Juin, juillet. (Rouvray; en battant les haies sèches; commencement de juin. — M. *Emy.*)

CICONES. *Curtis.* — SYNCHITA. *Hellw.*

545. C. Variegatus. *Hellw.* Très-rare. Dijon, au Parc, sur du bois mort empilé; un seul exemplaire; fin de mai.

AULONIUM. *Erichs.* — *COLYDIUM. F.*

546. A Sulcatum. *Oliv.* (Pontailler-sur-Saône, sous des écorces d'arbres abattus dans un bois au bord de la Saône; 2 juin. — M. *Dudrumel.*)

COLYDIUM. *F.*

547. C. Elongatum. *F.* Très-rare. Juillet. Trouvé à Dijon dans une maison. (Rouvray; sous les écorces d'une souche, au bois Denier. — M. *Emy.*)

TEREDUS. *Dej.*

548. T. Puncticollis. *Dej.* (Rouvray; rare. — M. *Emy.*)

CERYLON. *Latr.*

549. C. Histeroides. *F.* Pas rare. Sous les écorces humides, au pied des arbres morts. Mars, avril, mai, juillet, septembre. Dijon, au Parc, sous les écorces de charme; fontaine de Larrey, au pied d'un saule mort. Chambolle, écorces des souches de chêne et écorces de cerisier. Curley, bois des Liards, entre des plateaux de hêtre. Saint-Nicolas-les-Cîteaux, dans la forêt de Cîteaux, sous les écorces de chênes morts sur pied et de souches de chêne. (Savigny, près Beaune; Fontaine-Froide; octobre.— M. *Bourlier.*) (Rouvray. — M. *Emy.*)

550. C. Angustatum. *Erichs.* Rare. Forêt de Cîteaux, partie en futaie sur le territoire de Saint-Nicolas-les-Cîteaux, sous les écorces de chênes morts sur pied, au bas de l'arbre. Juillet, septembre.

PYCNOMERUS. *Erich.* — *CERYLON. Latr.*

551. P. Terebrans. *Oliv.* (Rouvray; rare. — M. *Emy.*)

CUCUJI.

LÆMOPHLOEUS. *Dej.*

552. L. Monilis. *F.* Rare. Quelquefois cependant on le trouve en certaine quantité. Mai, juin, juillet. Dijon, au Parc, sur du bois coupé empilé et sur des troncs sciés de tilleul; sur ces troncs. qui étaient raboteux et très-inégaux, j'ai trouvé cet insecte abondamment en soufflant fortement sur les parties creuses, dans lesquelles il se tenait caché sous l'épiderme et sous quelques débris, on le voyait aussitôt sortir de sa retraite; rempart de Tivoli. — M. *Nodot.*) (Rouvray; en battant les haies sèches. — M. *Emy.*)

553. L. Testaceus. *F.* — Amygdaleus. *Sch.* Commun. Sous les écorces d'arbres morts. Presque toute l'année. Dijon, au Parc, sous les écorces de charmes abattus; dans la ville, sur les vitres d'un grenier où se trouvait du bois à brûler. Lux, forêt de Velours, sous les écorces de hêtres abattus. Chambolle, écorces de hêtres abattus et écorces des souches de chênes et autres arbres. (Rouvray. — M. *Emy.*)

554. L. Duplicatus. *Waltl.* Rare. Environs de Dijon.

555. L. Pusillus. *Sch.* Rare. Environs de Dijon.

556. L. Ferrugineus. *Creutz.* Un exemplaire trouvé à Dijon, dans de la soupe, en août. Cet insecte doit vivre dans la farine.

BRONTES. *F.*

557. B. Planatus. *Linn.* — Flavipes. *F.* Pas rare. Sous les écorces d'arbres morts, sur pied ou abattus, et sur le bois coupé. Printemps, automne, hiver. Dijon, au Parc, sous les écorces de charme et de platane et sur du bois coupé empilé; au vol, près des chantiers du bassin du Canal; sur

la barrière au-dessus du débarcadère, entre le Canal et l'Ouche, dans la pépinière près de l'écluse de Larrey, sous des écorces de peupliers abattus. Beaune; dans un chantier de charpentier. — M. *Bourlier.* (Rouvray; rare. — M. *Emy.*)

CRYPTOPHAGI.

SYLVANUS. *Latr.*

558. S. FRUMENTARIUS. *F.* — SEXDENTATUS. *F.* Commun. Dans les magasins et les greniers où l'on conserve du blé. Dijon, dans la ville. Villenote, près Semur. Septembre.

559. S. BIDENTATUS. *F.* Pas rare. Sous les écorces. Printemps, été. Fixin, bois près du chemin de fer, sous des ételles dans une coupe. Chambolle, écorces d'arbres abattus. (Savigny, près Beaune, sous des écorces de vieux chênes, octobre. — M. *Bourlier.*)

560. S. UNIDENTATUS. *F.* Très-commun. Sous les écorces d'arbres abattus et des souches. Toute l'année. Dijon au Parc, sous les écorces de charmes abattus et sur pied; pépinière près de l'écluse de Larrey, sous des écorces de peupliers abattus. Plombières, sous l'écorce d'un noyer abattu sur la route. Fauvernes, à la Bayotte, sous des écorces de vieux chênes coupés. — M. *Nodot.* Fixin, bois près du chemin de fer. Lux, forêt de Velours, sous l'écorce d'un hêtre abattu. Saint-Nicolas-les-Cîteaux, forêt de Cîteaux. Chambolle. Curley, bois des Liards, entre des plateaux de hêtre. Rouvray. — M. *Emy.* Beaune. — M. *Bourlier.*

561. S. SIMILIS. *Vesmael.* (Beaune. — MM. *André* et *Arias.*) Rouvray; en battant les haies. — M. *Emy.*

562. S. PORRII *Chevr.* Un seul exemplaire. Environs de Dijon.

PSAMMOECIUS. *Latr.* **PSAMMECHUS.** *Boudier.*

565. P. Bipunctatus. *F.* Pas rare. Gevrey, sous les détritus, dans le bois d'aulnes près du petit étang de Satenay. Avril, mai, août, septembre.

LYCTUS. *F.*

564. L. Canaliculatus. *F.* Très-commun. Sur le bois coupé et dans les maisons, où il perfore les meubles et les boiseries ; on le trouve ordinairement, quand il fait du soleil, sur les vitres des croisées exposées au midi. Mai, juin. Dijon, dans les maisons dans la ville, dans les bûchers et les chantiers de bois à brûler ; sur les arbres abattus au Parc et sur les routes. Plombières. Fixin, bois près du chemin de fer. Chambolle, etc., etc. (Beaune. — MM. *Arias* et *Bourlier.*) (Rouvray. — M. *Emy.*)

565. L. Bicolor. *Comolli.* Rare. Plombières-les-Dijon, sur un noyer coupé au bord de la route ; 51 mai.

566. L. Colydioides. *Dej.* (Dijon. — M. *Nodot.* d'après M. *Emy.*)

TELMATOPHILUS. *Héer.* CRYPTOPHAGUS. *Herbst.*

567. T. Typhæ. *Fallen.* Rare. Dijon, fontaine de Larrey, en fauchant sur le bord du ruisseau.

568. T. Caricis. *Oliv.* Rare. Dijon, sous les feuilles mortes au bas du mur au nord du clos de Pouilly, près du chemin de Ruffey ; trouvé aussi dans une maison dans la ville, sur les vitres d'une croisée. Avril, juillet. (Rouvray. — M. *Emy.*)

ANTHEROPHAGUS. *Knoch.*

569. A. NIGRICORNIS. *F*. Rare. Juillet. Plombières, combe de Neuvon à Darois, en fauchant. Chambolle. (Rouvray. — M. *Emy.*)

570. A. PALLENS. *Gyll.* Pas rare. Fin juin, juillet. Plombières, combes de Neuvon à Darois et de Neuvon à Prenois, en fauchant. (Beaune. — M. *Bourlier.*)

CRYPTOPHAGUS. *Herbst.*

571. C. LYCOPERDI. *F*. — CELLARIS. Var. LYCOPERDI. *Dej*. Pas commun. Sous les pierres, et en fauchant dans les bois. Printemps, été. Dijon, chemin de Daix, sous les pierres au bas d'une haie. Plombières, combe de Neuvon à Darois, en fauchant. Villenote, près Semur, bois de Champeaux, dans les lycoperdons. (Beaune. — M. *André.*)

572. C. SCANICUS. *Linn.* — CELLARIS. Var. SCANICUS. *Dej*. Commun. Dans les maisons, surtout dans les caves sur les tonneaux, dans les latrines et autres lieux un peu obscurs et humides ; dans les bois, en fauchant et sous les feuilles mortes et les détritus. Printemps, été, automne. Environs de Dijon et dans la ville. Plombières, combe de Neuvon, en battant les fagots. Gevrey, bord du petit étang de Satenay, sous les détritus dans le bois d'aulnes. Chambolle, dans les caves, sur le fond des tonneaux. (Beaune ; rare. — MM. *Arias* et *Bourlier.*) Villenote, bois de Champeaux, en fauchant.

Variété CELLARIS. *Sturm.* Comme le type de l'espèce. Commun également dans les mêmes localités. (Rouvray. — M. *Emy.*)

573. C. ACUTANGULUS. *Gyll.* — CELLARIS. Var. ACUTANGULUS. *Dej*. Rare. Environs de Dijon.

574. C. FUMATUS. *Gyll.* — CELLARIS. Var. FUMATUS. *Dej*. Pas rare. Sous les pierres. Environs de Dijon, autour de la ville.

575. C. Dentatus. *Herbst.* Commun. Environs de Dijon. (Beaune. — MM. *Arias* et *Bourlier.*)

576. C. Bicolor. *Sturm.* Rare. Dijon, dans les maisons, surtout les latrines et les lieux où les murs sont humides et présentent quelques traces de moisissure; par les temps humides. Mars, novembre. (Rouvray. — M. *Emy.)*

577. C. Crenulatus. *Erich.* — Crenatus. *Gyll.* Rare. Environs de Dijon. Dijon, chemin de Daix, le soir au vol. Juillet.

ATOMARIA. *Kirby.* — *CRYPTOPHAGUS. Herbst.*

578. A. Nana. *Erichs.* Pas commune. Avril, juillet, août, septembre. Dijon, chemin de Daix, sous les pierres. Gevrey, au bord du petit étang de Satenay, sous les détritus, dans le bois d'aulnes.

579. A. Umbrina. *Gyll.* Pas commune. Environs de Dijon. (Beaune; sous les meules de foin; octobre. — M. *Bourlier.*)

580. A. Linearis. *Steph.* Pas rare. Sous les pierres et les détritus. Dijon, chemin de Daix, sous les pierres au bas d'une haie; 30 avril.

581. A. Mesomelas. *Payk.* (Rouvray. — M. *Emy.*)

582. A. Gutta. *Steph.* Un seul exemplaire. Gevrey, bord du petit étang de Satenay, sous les détritus. Mai.

583. Fuscipes. *Gyll.* Pas commune. Environs de Dijon.

584. A. Nigripennis. *Payk.* Pas commune. Dans les maisons, surtout dans les caves sur les tonneaux moisis. Printemps, été. Dijon, dans les caves et les celliers, sur les tonneaux. Fixin, bois près du chemin de fer, sous des ételles humides et un peu moisies. (Beaune; commune. — MM. *Arias* et *Bourlier.*)

585. A. Cognata. *Erichs.* Pas rare. Environs de Dijon. (Beaune; sous les meules de foin; octobre. — M. *Bourlier.*)

586. A. ATRA. *Herbst.* — FIMETARIA. *F.* Pas rare. Environs de Dijon.

587. A. GRAVIDULA. *Erichs.* Rare. Environs de Dijon.

588. A. PUSILLA. *Payk.* Très-commune. Le soir, au coucher du soleil, au vol, par un temps très-chaud, à Dijon, à la fontaine de Larrey, en juin, et en fauchant le long du ruisseau sur les graminées. (Beaune; sous les meules de foin; octobre. — M. *Bourlier.*)

589. A. TERMINATA. *Dahl.* Commune. Sous les pierres et les détritus. Avril, mai, juillet. Dijon, chemin de Daix, sous les pierres au bas des haies, et au vol le soir; Vieux-Suzon, etc. Gevrey, bord du petit étang de Satenay, sous les détritus. (Beaune; sous les meules de foin; octobre. — MM. *Bourlier* et *André.*)

590. A. VERSICOLOR. *Erich.* Pas commune. Environs de Dijon.

EPISTEMUS. Erich.

591. E. DIMIDIATUS. *Sturm.* Commun. Sous les pierres au bord des chemins, surtout celles qui recouvrent du fumier ou des excréments. Avril, septembre. Dijon, chemin de Daix, chemin entre celui de Fontaine et celui d'Ahuy, etc. Fontaine. Villenote, près Semur, en fauchant dans le bois de Champeaux. (Beaune; très-commun sous les meules de foin; octobre. — MM. *Bourlier* et *André.*)

592. E. GLOBULUS. *Payk.* Pas commun. Environs de Dijon. (Beaune; sous les meules de foin; octobre. Un seul exemplaire. — M. *Bourlier.*)

MYCETÆA. Steph. — CRYPTOPHAGUS. Herbst.

593. M. HIRTA. *Marsh.* Commune. Dans les maisons, surtout les caves, les bûchers, les latrines et les lieux un peu obscurs et humides où se développe de la moisissure.

Printemps, été, automne. Dijon, dans les maisons. Trouvée en décembre sur une bûche de bois mise sur le feu. (Beaune. — M. *Arias.*) (Rouvray. — M. *Emy.*)

ALEXIA. *Steph.* — *HYGROTOPHILA. Chevr.*

594. A. PILIFERA. *Müll.* — PILIGERA. *Germ.* Pas rare. Sous les écorces, les planches humides, en battant les fagots, etc. Mai, juin, juillet. Dijon, au Parc, sous des écorces de charmes abattus, sur lesquels existait de la moisissure et d'autres petits cryptogames. Flavignerot, en battant de vieux fagots. Fixin, dans le bois près du chemin de fer, sous des ételles humides et un peu moisies en dessous.

ENGIS. *Payk.*

595. E. HUMERALIS. *F.* Rare. Sous les écorces. Janvier à Mai. Dijon, au Parc, sous les écorces d'arbres abattus, surtout d'ormes, et sur du bois coupé empilé. Plombières, combe de Neuvon à Darois, en fauchant, le 15 juillet. (Rouvray. — M. *Emy.*)

TRITOMA. *F.* — *TRIPLAX. F.*

596. T. BIPUSTULATA. *F.* Rare. Dans les champignons qui croissent sur les arbres, sous les écorces, etc. Printemps, été. Dijon, au Parc, sur du bois mort empilé; au bord de l'Ouche dans un saule pourri. Epernay. Chambolle, sur un agaric sur un noyer dans la combe. Concœur, bois de Mantuan, sur un hêtre mort sur pied et couvert de petits champignons. Curley, bois des Liards, sur une feuille. (Rouvray; commune sous les écorces, dans les caries des chênes et en battant les haies sèches. — M. *Emy.*)

TRIPLAX. *Linn.*

597. T. RUSSICA. *Linn.* — NIGRIPENNIS. *F.* Pas rare. Dans les champignons qui croissent sur le tronc des arbres. Juin

à septembre. Dijon, au Parc, sur du bois mort empilé, cours du Parc et route de Langres, dans les agarics sur le tronc des frènes. Chambolle, dans un bolet de noyer dans la combe. (Pontailler. — M. *Dudrumel.*) (Beaune; en battant les arbres; rare. — M. *Arias.*) (Rouvray; rare. — M. *Emy.*)

598. T. RUFIPES. *Payk.* — COLLARIS. *Schaller.* Trouvée communément le 2 juin par M. *Dudrumel* à Pontailler-sur-Saône, sur des champignons qui croissent sur les arbres, dans les bois au bord de la Saône.

SPHINDUS. *Meg.*

599. S. GYLLENHALII. *Dej.* (Rouvray; dans les agarics et en battant les haies sèches. — M. *Emy.*)

LATHRIDII.

—

MONOTOMA. *Herbst.*

600. M. PICIPES. *Herbst.* Pas rare. Dans les maisons, au vol le soir, etc. Eté. Dijon, dans la ville, sur les vitres d'un bûcher, au vol dans les rues le soir au soleil couchant par des temps chauds; bords du bassin du Canal. (Beaune. — M. *Arias.* Sous des meules de foin, octobre. — M. *Bourlier.*)

601. M. CONICICOLLIS. *Guérin.* Rare. Bois de Marsannay-la-Côte, près du parc de Gouville, en fauchant sur l'herbe, près d'une fourmilière de *Formica rufa*, le 27 mai. Plombières, combe de Neuvon, dans les fourmilières de la même espèce de fourmi. Octobre, 1er novembre.

602. M. ANGUSTICOLLIS. *Gyll.* Plombières, combe de Neuvon, dans les fourmilières de *Formica rufa*; pas rare. Oc-

tobre. Saint-Nicolas-les-Cîteaux, dans les fourmilières de la même fourmi. Septembre. (Rouvray ; en fauchant près de la mare de la corne des trois bois, le 19 juillet 1840. — M. *Emy*.)

603. M. Longicollis. *Gyll*. Rare. Environs de Dijon.

604. M. Brevicollis. *Aubé*. Pas commune. Dijon, chemin de Daix, sous des pierres au bas d'une haie, le 30 avril. Fontaine, chemin de Daix à Dijon, sous des pierres recouvrant un fumier. Octobre.

605. M. Quadricollis. *Aubé*. Rare. Dijon, sur un chemin entre celui d'Ahuy et celui de Fontaine, sous des pierres recouvrant des restes de fumier, le 4 avril.

MYRMECOXENUS. *Chevr*. — MYRMECHIXENUS. *Chevr*.

606. M. Subterraneus. *Chevr*. Pas rare. Dans les fourmilières de *Formica rufa*, dans les bois, au moyen du tamis. Avril, mai. Plombières, bois près de la ferme de la Cras. Gevrey, bois de la plaine.

LATHRIDIUS. *Herbst*.

607. L. Angusticollis. *Meg. Schüpp.?* (Rouvray. — M. *Emy*.)

608. L. Constrictus. *Gyll*. Pas rare. Environs de Dijon. Saint-Nicolas-les-Cîteaux, forêt de Cîteaux, sous les écorces ; septembre. (Beaune, sous les meules de foin ; octobre — M. *Bourlier*.)

609. L. Clathratus. *Dahl*. Rare. Environs de Dijon.

610. L. Exilis. *Dej*. Rare. Dans les bûchers, sur le bois à brûler. Dijon.

611. L. Collaris. *Mann*. — Ruficollis. *Chevr*. (Rouvray ; dans les débris de plantes médicinales chez M. *Coquiot*; 1859. — M. *Emy*.)

612. L. Transversus. *Oliv*. — Sculptilis. *Schüpp*. Pas

commun. Sous les pierres. Mars, avril. Dijon, chemin de Daix, etc. Gevrey, bord du petit étang de Satenay, sous les détritus. (Beaune; sous les meules de foin; octobre. — M. *Bourlier*.)

612. L. Porcatus. *Herbst*. Très-commun. Dans les maisons, surtout dans les caves, sur les tonneaux, dans les latrines et les autres endroits un peu humides, sur les murs. Presque toute l'année. Dijon, dans les maisons dans la ville. (Beaune; troncs d'arbres; rare. — M. *Arias*. Sous des meules de foin; octobre. — MM. *Bourlier* et *André*.)

613. L. Filiformis. *Dej*. Rare. Dans les maisons. Août, novembre, décembre. Dijon, sur les murs dans les maisons, sous des papiers humides et un peu moisis; trouvé aussi sur une bûche de bois mise sur le feu.

615. L. Carbonarius. *Cheer*. Pas commun. Dans les bûchers sur le bois à brûler. Dijon.

616. L. Elegans. *Markel*. (Rouvray; dans les débris de plantes médicinales chez M. *Cogniot*: 1859. — M. *Emy*.)

617. L. Impressus... (Rouvray. — M. *Emy*.)

618. L. Marginatus... (Rouvray. — M. *Emy*.)

CORTICARIA. *Marsh*. — *LATHRIDIUS. Herbst*.

619. C. Pubescens. *Ill*. Commune. Sous les écorces, en battant les fagots, etc. Printemps, été, automne. Dijon, au Parc. Plombières, combe de Neuvon, en battant les fagots. Flavignerot, en battant les fagots. Chambolle. (Beaune; sous les meules de foin; octobre. — MM. *Bourlier* et *André*, en battant les fagots. — M. *Arias*. Savigny, près Beaune, sous les écorces de vieux chênes. M. *Bourlier*.)

620. C. Crenulata. *Schüpp*. Pas commune. Sous les écorces. Environs de Dijon.

621. C. Denticulata. *Schüpp*. Rare. Sous les écorces. Environs de Dijon.

622. C. Serrata. *Gyll*. Rare. Environs de Dijon.

623. C. Elongata. *Schüpp*. Commune. Sous les écorces; dans les bûchers sur le bois. Printemps été. Dijon, intérieur des maisons, dans les latrines; chemin de Daix, le soir au vol.

624. C. Ferruginea. *Marsh*. Gevrey, bord du petit étang de Satenay, sous les détritus dans le bois d'aulnes; 5 septembre.

625. C. Gibbosa. *Herbst*. Pas rare. Sous les écorces et les détritus. Printemps. Dijon, au Parc, sous les écorces de platane; au bas du mur au nord du clos de Pouilly, sous les feuilles sèches. (Beaune; rare. — M. *Arias*. Sous les meules de foin; octobre. — MM. *Bourlier* et *André*.)

626. C. Transversalis. *Schüpp*. Un seul exemplaire. Environs de Dijon. (Rouvray, sous les écorces et en battant les haies sèches. — M. *Emy*.)

627. C. Similata. *Schüpp*. Rare. Environs de Dijon.

628. C. Distinguenda. *Chevrier*. Environs de Dijon. (Beaune. — M. *Bourlier*.) (Rouvray, dans les débris de plantes médicinales, chez M. *Cogniot*. — M. *Emy*.)

629. C. Fuscula. *Meg*. Commune. Sous les pierres, les écorces, etc. Mars à juin. Dijon, chemin de Daix, sous les pierres; barrière au-dessus du débarcadère; au Parc, sur du bois coupé. Fixin, bois près du chemin de fer, en fauchant.

DASYCERUS. *Brongniart*.

630. D. Sulcatus. *Müll*. Un seul exemplaire trouvé à Plombières dans la combe de Neuvon, dans une fourmilière abandonnée de *Formica rufa*, le 29 octobre 1854. (Beaune; sur des bolets, sur un arbre dans un bois. Septembre. — MM. *Bourlier* et *André*.)

MYCETOPHAGI.

—

MYCETOPHAGUS. *Hellw*.

631. M. Quadripustulatus. *Linn.* — Quadrimaculatus. *F.* Rare; trouvé cependant quelquefois au Parc en assez grande quantité. Sous les écorces. Printemps, été, automne et aussi l'hiver. Dijon, au Parc, sous les écorces d'ormes morts, sur pied ou abattus, et sur lesquels se développent des cryptogames, sur du bois coupé empilé; fontaine de Larrey, le soir au vol. (Au Parc, dans un bolet de tilleul. — M. *Tarnier.*)

632. M. Piceus. *F.* — Variabilis. *Gyll.* Très-rare. Sous les écorces. Dijon, à l'Arquebuse, sous une écorce de platane; Allée-de-la-Retraite, sur un tronc de tilleul, le soir, en juin. (Rouvray; pas commun. — M. *Emy.*)

633. M. Atomarius. *F.* Rare. Sous les écorces d'arbres morts et sur le bois mort coupé. Février, avril, mai, juin, août. Dijon, dans les maisons, sur du bois à brûler provenant de vieux hêtres pourris; au Parc, sur du bois coupé. Concœur, bois de Mantuan, sur un vieux hêtre creux abattu. (Courlon, écorces de hêtre. — M. *Eug. Guillaume* [1]. (Pontailler-sur-Saône, dans les champignons qui croissent sur les arbres, dans les bois près de la Saône. — M. *Dudrumel.*) (Rouvray, dans les vieux hêtres; pas commun. — M. *Emy.*)

634. M. Quadriguttatus. *Müller* — Tetratoma. *Dej.* Trouvé plusieurs exemplaires de cette espèce à Saint-Nicolas-les-Cîteaux, dans la forêt de Cîteaux, en tamisant de la poussière de bois recueillie au bas du tronc d'un chêne creux; 25 septembre.

---

(1) Actuellement sculpteur à Paris. S'est occupé d'Entomologie à Dijon en 1835, 1836 et 1837.

LITARGUS. *Erich.* — TRIPHYLLUS. *Meg.*

635. L. Bifasciatus. *F.* Commun. Sous les écorces d'arbres morts et sur les arbres abattus. Toute l'année. Dijon, au Parc, sous des écorces de platane, de charme et autres arbres morts, sur du bois mort empilé. Fixin, bois près du chemin de fer, sous une écorce de chêne abattu. Chambolle, écorces de hêtre. Curley, bois de Mantuan, écorces de hêtre. Saint-Nicolas-les-Cîteaux. (Rouvray, en battant les haies sèches. — M. *Emy.*) (Beaune. — M. *Arias.* Dans un chantier de charpentier, sous les écorces d'arbres ; octobre. — M. *Bourlier.*)

DIPLOCOELUS. *Guérin.* — TRIPHYLLUS. *Meg.*

636. D. Fagi. *Chevrolat.* — Serratus. *Dej.* Pas commun. Écorces de hêtres abattus. Printemps, automne. Chambolle. Curley, bois de Mantuan.

TIPHLÆA. *Kirb.* — TRIPHYLLUS. *Meg.*

637. T. Fumata. *Linn.* Très-commune. Au vol, le soir surtout, près des chantiers de bois à brûler, etc. Été. Dijon, chantiers près du bassin du Canal, à la fontaine de Larrey, sur le chemin de Daix, quelquefois même dans les rues de la ville, par les soirées très-chaudes. (En fauchant dans les bois. — M. *Vodot.*) (Beaune, sous les meules de foin ; octobre. — M. *Bourlier.*) (Rouvray. — M. *Emy.*)

DERMESTÆ.

BYTURUS. *Latr.*

638. B. Tomentosus. *F.* Assez commun. Sur les fleurs de ronce, surtout dans les bois, et en fauchant. Juin, juillet.

Dijon, Combe-aux-Serpents. Plombières, combe de Neuvon. Blaisy-Bas, dans le bois. (Beaune. — M. *Bourlier*. Dans les champignons, l'été; pas commun. — M. *Arias*. (Rouvray. — M. *Emy*.)

639. B. FUMATUS. *Linn.* — TOMENTOSUS. Var. FUMATUS. *F.* Très-commun. Dans les bois, sur les fleurs des plantes printanières. Mai, juin, commencement de juillet. Dijon, au Parc, sur les fleurs de *Leontodon taraxacum*, d'*Anthriscus sylvestris*, de *Ficaria ranunculoides*, etc. Plombières, combe de Neuvon. (Beaune; rare. — MM. *Arias*, *Bourlier* et *André*.)

DERMESTES. *Linn.*

640. D. VULPINUS. *F.* Pas commun. Sur les cadavres d'animaux. Printemps Environs de Dijon. Ahuy, sous les pierres au bord de Suzon, près du lavoir; novembre. (Beaune. — M. *Arias*. (Rouvray. — M. *Emy*.)

641. D. FRISCHII. *Kug*. Pas rare. Sur les cadavres. Printemps. Environs de Dijon. Dijon, Combe-aux-Serpents.

642. D. MURINUS. *Linn.* — CATTA. *Panz.* Rare. Sur les cadavres. Printemps. Environs de Dijon. Dijon, cours du Parc, sur l'herbe des fossés. (Pontailler-sur-Saône, sous la mousse; octobre. — M. *Dudramel*.) (Beaune; pas rare. — M. *Arias*.) (Rouvray. — M. *Emy*.)

643. D. UNDULATUS. *Brahm*. Pas rare. Sur les cadavres. Mai, juin. Dijon, autour de la ville; fossés du cours du Parc, sur l'herbe; champ de manœuvre de la Maladière. Talant. (Rouvray; pas commun. — M. *Emy*.)

644. D. MUSTELINUS. *Erich.* — MURINUS. *Dej*. Pas rare. Sur les cadavres. Environs de Dijon. (Beaune. — M. *Bourlier*.) (Rouvray. — M. *Emy*.)

645. D. LANIARIUS. *Ill.* Commun. Sur les cadavres. Juin. Dijon, champ de manœuvre à la Maladière, etc. (Beaune. M. *Bourlier*.

646. D. ATER. *Oliv.* Rare. Sous les écorces et dans le bois pourri d'orme. Dijon, au Parc. Février.

647. D. LARDARIUS. *Linn.* Commun. Dans les maisons, sur les peaux, le lard suspendu, etc. Printemps, quelquefois en septembre. Dijon, dans les armoires de la galerie zoologique de la Faculté des sciences. Chambolle, etc. (Beaune. — M. *Arias.*) (Rouvray. — M. *Emy.*)

648. D. BICOLOR. *F.* (Beaune; une seule fois. — M. *Arias.*)

ATTAGENUS. *Latr.*

649. A. MEGATOMA. *F.* Très-rare. Environs de Dijon, un seul exemplaire. (Beaune; très-commun dans les maisons. — M. *Arias.*)

650. A. PELLIO. *Linn.* Très-commun. Dans les maisons. Fin mars, avril, commencement de mai; plus ou moins précoce selon les années. Dijon, etc. (Beaune. — M. *Arias.*) (Rouvray. — M. *Emy.*)

MEGATOMA. *Herbst.* — ATTAGENUS. *Latr.*

651. M. UNDATA. *Linn.* Pas commune. Sous les écorces, sur le bois mort, etc. Février à juin, octobre. Dijon, dans les maisons de la ville; au Parc, sous les écorces de charmes et d'ormes abattus, sur du bois mort empilé, et au vol près de ce bois; au-dessus de la fontaine de Larrey, sous des écorces de sycomore; (sur un frène cassé sur la route de Gray, près de Montmuzard. — M. *Nodot*); sur la barrière au-dessus du débarcadère; trouvée dans une boîte d'insectes; obtenue d'éclosion, provenant de fragments de lierre rapportés du Parc; (obtenue également d'éclosion, provenant de morceaux de tilleul pourris. — M. *Dudrumel.*) Chambolle, sous une écorce de noyer. (Rouvray, sur les vieux charmes. M. *Emy.*)

HADROTOMA. *Erich.* — ATTAGENUS. *Latr.*

652. H. NIGRIPES. *F.* Assez commun. Dijon, au Parc, sur les fleurs de l'*Anthriscus sylvestris*, ombellifère très-commune dans les allées couvertes. Mai.

TRINODES. *Meg.*

653. T. HIRTUS. *F.* Rare. Dans les vieux tilleuls creux, où il est retenu quelquefois dans des toiles d'araignées. Juin, juillet. Dijon, Allée-de-la-Retraite et cours du Parc; intérieur du Parc, sur une feuille de sureau près d'une pile de bois mort.

ANTHRENUS. *Geoffroy.*

654. A. SCROPHULARIÆ. *Linn.* Pas rare. Sur les fleurs. Mai, juin. Dijon, au Parc, sur les fleurs d'*Anthriscus sylvestris*; fontaine de Larrey, en fauchant. (Rouvray. — M. *Emy.*)

655. A. PIMPINELLÆ. *F.* Commun. Comme le précédent. Mai, juin. Dijon, au Parc, sur les fleurs d'*Anthriscus sylvestris*; dans la ville, dans les jardins, sur différentes fleurs. (Fixin. — M. *Tarnier.* (Rouvray. — M. *Emy.*)

656. A. VARIUS. *F.* — TRICOLOR. *Herbst.* Var. VERBASCI. *Gyll.* Très-commun. Sur les fleurs; dans les maisons. Fin avril, mai, juin, commencement de juillet. Dijon, dans les jardins dans la ville, dans les maisons, les collections d'objets d'histoire naturelle, où il fait souvent de grands ravages. (Fixin, Gevrey, sur les ombellifères. — M. *Tarnier.* (Beaune. — M. *Arias.* (Rouvray. — M. *Emy.*)

657. A. MUSEORUM. *Linn.* Pas rare. Dans les maisons et sur les fleurs. Printemps. Dijon, dans les maisons dans la ville; sur les fleurs, dans les jardins et dans les bois. (Beaune. — M. *Arias.*) (Rouvray. — M. *Emy.*)

TROGODERMA. *Latr.*

658. T. VERSICOLOR. *Creutz.* M. *Tarnier* a obtenu cette espèce de l'éclosion de larves contenues dans des coléop-

tères renfermés dans une boîte qui lui a été envoyée en 1853 de Cordoue (Espagne); ces *Trogoderma* sont éclos en juillet et août 1854 et 1855.

Je fais figurer ici cet insecte, non que je le considère comme spontané dans le département, mais parce que je crois qu'il pourrait très-bien s'y naturaliser.

659. T. ELONGATULA. *F.* Rare. Dans les tilleuls creux et quelquefois au vol près de ces arbres. Juin, juillet. Dijon, Allée-de-la-Retraite, rempart de Tivoli.

TIRESIAS. *Stephens.* — *MEGATOMA. Latr.*

660. T. SERRA. *F.* Rare. Sur les arbres creux, sur le bois mort et coupé, etc. Mai. Dijon, au Parc, sur du bois mort empilé; Allée-de-la-Retraite, dans les tilleuls creux; (dans les plaies des tilleuls. — M. *Emy.*) (Beaune. — M. *Bourlier.*)

GEORYSSI.

GEORYSSUS. *Latr.*

661. G. PYGMÆUS. *F.* (Rouvray; pas rare; dans les sables au bord des rivières. Juin et juillet. — M. *Emy.*)

BYRRHI.

ASPIDIPHORUS. *Latr.*

662. A. ORBICULATUS. *Gyll.* Rare. Sous les écorces des arbres morts où croissent de petits cryptogames, et en fauchant dans les bois ombragés. Juin, juillet. Dijon, au Parc, sous des écorces de charmes abattus et où se développent

des moisissures ou autres végétaux cryptogames. Plombières, combes de Neuvon à Darois et de Neuvon à Prenois, en fauchant. Fixin, bois près du chemin de fer, sous des ételles humides et présentant des moisissures, dans une coupe en exploitation. (Rouvray. — M. *Emy.*)

LIMNICHUS. *Latr.*

663. L. Pygmeus. *Sturm.* Très-rare. Environs de Dijon.

SYNCALYPTA. *Dillwin.* — BYRRHUS. *F.*

664. S. Spinosa. *Rossi.* — Arenaria. *Duft.* Pas très-rare. Au vol par les soirées chaudes du printemps, dans le voisinage de l'eau ou en fauchant dans les bois humides. Mai, juin. Dijon, bords du Canal du côté de Larrey. Chambolle.

NOSODENDRON. *Latr.*

665. N. Fasciculare. *F.* Pas rare, à Dijon, au Parc dans les plaies humides des ormes. Mai, juin.

BYRRHUS. *Linn.*

666. B. Pilula. *Linn.* Commun. Sous les pierres et la mousse, sur l'herbe, surtout dans les bois. Fin avril, mai, commencement de juin, plus rarement en juillet. Dijon, au bord de Suzon du côté d'Ahuy et quelquefois dans la ville. Flavignerot. Plombières, combe de Neuvon. (Fixin, Gevrey. — M. *Tarnier.*) Chambolle, sous la mousse et sur les chênes. (Beaune; pas commun; été. — M. *Arias.*) (Rouvray. — M. *Emy.*)

667. B. Fasciatus. *F.* (Rouvray; 1845. — M. *Emy.*)

668. B. Dorsalis. *F.* Rare. Fixin, bois près du chemin de fer, sur la barrière au bord de ce chemin. 21 mai.

669. B. Murinus. *F.* Rare. Environs de Dijon. (Beaune. — M. *André.*)

CYTILLUS. *Erich.* — BYRRHUS. *F.*

670. C. Varius. *F.* Pas commun. Dans les bois, par terre et en fauchant; rarement dans les champs. Fin avril, mai, juin. Dijon, dans les rues de la ville, à l'Arquebuse, au bord de Suzon près de la route d'Auxonne. Flavignerot. Marsannay-la-Côte, en fauchant et sur la boue d'une ornière. Fixin, bois près du chemin de fer. (Fixin, bois de la montagne. Gevrey. — M. *Tarnier.*) Blaisy-Bas, dans le bois, en fauchant. Villenote, près Semur, bois de Champeaux. (Rouvray. — M. *Emy.*)

MORYCHUS. *Erich.* — BYRRHUS. *F.*

671. M. Æneus. *F.* (Environs de Dijon, sur des plantes aquatiques; 23 mars. — M. *Nodot.*)

THROSCI.

—

THROSCUS. *Latr.*

672. T. Dermestoides. *Linn.* — Adstrictor. *F.* Commun. Dans les bois, en fauchant dans les parties ombragées et un peu humides, sous les écorces, en battant les fagots, etc. Avril, mai, juin. Dijon, au Parc, sous les écorces de charme, en fauchant et sur du bois mort coupé; fontaine de Larrey, le soir en fauchant. Flavignerot, en battant des fagots. Fixin et Gevrey, bois de la plaine, en fauchant. St-Nicolas-lez-Cîteaux, en fauchant dans la forêt de Cîteaux. (Rouvray; très-rare. — M. *Emy.*)

673. T. Pusillus. *Héer.* Pas commun. Dans les bois en battant les fagots, et sur le bois mort. Mai, juillet. Dijon,

barrière au-dessus du débarcadère du chemin de fer. Flavignerot, en battant de vieux fagots. Gevrey, près du petit étang de Satenay, sous les détritus au pied des vieilles souches d'aulne.

HISTRI.

PLATYSOMA. *Leach.*

674. P. Frontale. *Payk.* (Rouvray ; rare ; dans le bois mort — M. *Emy.*)

675. P. Oblongum. *F.* Très-rare. Dans les bois, sous les écorces des souches de chêne. Environs de Chambolle.

676. P. Depressum. *F.* Commun. Dans les bois, sous les écorces humides des arbres abattus ou des souches, principalement celles des chênes ; sur le bois récemment coupé. Mai, juin, juillet, septembre. Dijon, au Parc, sur du bois coupé. Marsannay-la-Côte. Chambolle. Curley, bois des Liards, entre des plateaux de hêtre un peu humides. (Rouvray ; rare. — M. *Emy.*)

677. P. Angustatum. *Ent. Hefte.* (Environs de Dijon. — M. *Tarnier.*)

HISTER. *Linn.*

678. H. Quadrimaculatus. *Linn.* — Lunatus. *F.* Assez commun. Dans les excréments, surtout ceux des vaches et des chevaux ; quelquefois sous les pierres à la fin de l'hiver. Printemps et automne. Dijon, autour de la ville, dans les lieux où l'on fait paître les vaches et autres animaux. (Beaune. — M. *Arias.* Rouvray. — M. *Emy.*)

679. H. Quadrinotatus. *Scriba.* — Quadrimaculatus. *F.* Commun. Comme le précédent. Fin de l'hiver, printemps et automne. Dijon, Talant, près de la Fontaine-aux-Fées.

dans les excréments de mouton. Fixin, etc. (Beaune. — M. *Arias.*) (Rouvray ; pas commun. — M. *Emy.*)

680. H. Helluo. *Truqui.* Pas très-rare. Gevrey, bord du petit étang de Satenay, sous les détritus au pied des souches d'aulnes. Avril, mai, juin.

681. H. Unicolor. *Linn.* Pas très-commun. Comme le *Quadrimaculatus.* Printemps, automne. Environs de Dijon. (Beaune.—M. *Arias.*)

682. H. Fimetarius. *Herbst.* Très-rare. Environs de Dijon.

683. H. Merdarius. *Ent. Hefte.* Pas commun. Dans les excréments ; quelquefois au vol. Printemps. Dijon, autour de la ville, etc.

684. H. Cadaverinus. *Ent. Hefte.* Commun. Dans les cadavres et les excréments. Printemps. Dijon, autour de la ville. (Beaune ; printemps, automne. — M. *Arias.*) (Rouvray. — M. *Emy.*)

685. H. Ventralis. *De Marseul.* Rare. Environs de Dijon.

686. H. Carbonarius. *Ent. Hefte.* Rare. Dans les excréments. Printemps. Environs de Dijon.

687. H. Nigellatus. *Germ.* (Rouvray, un seul exemplaire. — M. *Emy.*)

688. H. Purpurascens. *Payk.* Assez commun. Dans les excréments de vache et de cheval ; quelquefois sous les pierres. Printemps. Dijon, autour de la ville. Talant, etc. (Beaune ; rare. — M. *Arias.*)

689. H. Stercorarius. *Ent. Hefte.* Assez commun. Dans les excréments. Printemps, automne. Environs de Dijon. (Beaune. — M. *Arias.*)

690. H. Sinuatus. *Payk.* Rare. Environs de Dijon. (Rouvray. — M. *Emy.*)

691. H. Bissexstriatus. *Payk.* (Beaune ; pas commun. — M. *Arias.*)

692. H. Corvinus. *Germ.* Assez commun. Dans les excré-

ments et le fumier. Printemps. Dijon, autour de la ville ;
trouvé plusieurs fois sous des pierres posées sur du fumier.
(Beaune ; un seul exemplaire. — M. *Arias.*)

693. H. BIMACULATUS. *Linn.* Pas rare. Dans les excréments. Printemps. Dijon, autour de la ville. (Fixin. —
M. *Tarnier.*) Saint-Nicolas-les-Cîteaux, sous une écorce
humide dans le bois ; septembre. (Beaune ; rare. —
M. *Arias.*) (Rouvray ; pas commun. — M. *Emy.*)

694. H. DUODECIMSTRIATUS. *Payk.* Assez commun. Dans
les fumiers et sous les pierres. Printemps. Dijon, autour de
la ville, chemin de Daix, etc. (Rouvray. — M. *Emy.*)

HÆTERIUS. *Godet.*

695. H. QUADRATUS. *Ent. Hefte.* Très-rare. Quelques
exemplaires de cet insecte ont été trouvés à l'Etang-Vergy,
par M. *J. Saintpère*, sous des pierres, avec une petite espèce de fourmi noire.

DENDROPHILUS. *Leach.*

696. D. PUNCTATUS. *Payk.* Rare. Sous les écorces d'arbres
morts et sur le bois coupé dans les bois. Mai, juin. Dijon,
au Parc, sur du bois mort empilé. (Rouvray. — M. *Emy.*)

697. D. PYGMÆUS. *Linn.* Plombières-les-Dijon, combe
de Neuvon, dans les fourmilières de *Formica rufa* ; octobre.
Rare. (Rouvray. — M. *Emy.*)

PAROMALUS. *Erich.* — PLATYSOMA. *Leach.*

698. P. FLAVICORNIS. *Payk.* Pas rare. Sous les écorces
des souches de chêne, dans les bois. Septembre. Chambolle.
Concœur, bois de Mantuan, etc. (Rouvray ; rare. —
M. *Emy.*

SAPRINUS. *Erich.* — *DENDROPHILUS. Leach.*

699. S. Rotundatus. *Ill.* Rare. Sous les écorces des arbres morts et sur les arbres coupés, dans les bois. Mai. Dijon, au Parc.

HISTER. Linn.

700. S. Nitidulus. *F.* Commun. Dans les cadavres et les excréments. Printemps, été. Dijon, autour de la ville, dans les champs et sur les chemins. (Beaune. — M. *Arias.*)

701. S. Subnitidus. *De Marseul.* Un seul exemplaire. Environs de Dijon.

702. S. Furvus. *Erichs.* Rare. Environs de Dijon.

703. S. Chalcites. *Ill.* — Affinis. *Payk.* Rare. Environs de Dijon.

704. S. Speculifer. *Latr.* Pas commun. Environs de Dijon. (Beaune ; dans les bouses, l'été. — M. *Arias.*) (Rouvray. — M. *Emy.*)

705. S. Æneus. *F.* Pas commun. Environs de Dijon. (Rouvray ; commun. — M. *Emy.*)

706. S. Conjungens. *Payk.* Rare. Environs de Dijon. (Rouvray. — M. *Emy.*)

707. S. Rugifrons. *Ent. Hefte.* — Metallicus.? *F.* Très-rare. Environs de Dijon. Un seul exemplaire.

TERETRIUS. *Erich.* — *PLATYSOMA. Leach.*

708. T. Picipes. *F.* Rare. Sous les écorces des arbres morts et sur le bois coupé. Mai, juin, octobre. Dijon, sur la barrière au-dessus du débarcadère du chemin de fer. Velars-sur-Ouche, sur la maçonnerie d'un petit viaduc du chemin de fer, entre Neuvon et Velars. Chambolle. (Rouvray ; en battant les haies sèches. — M. *Emy.*)

ONTHOPHILUS. *Leach.*

709. O. Striatus. *F.* (Fixin, le soir au vol dans la combe; un seul exemplaire. — M. *Tarnier.*) (Beaune; en battant des fagots de chêne, dans le bois de la plaine; octobre. — M. *Arias.* Trouvé aussi par M. *André.*) (Rouvray; assez rare; dans les bouses. — M. *Emy.*)

PLEGADERUS. *Erich.* — ABRÆUS. *Leach.*

710. P. Cæsus. *F.* Très-rare. Dans le bois de saule pourri. Fin mars, milieu d'avril. Dijon, à l'Ile, sur le bord de l'Ouche; fontaine de Larrey; un seul exemplaire dans chacune de ces localités. (Rouvray; très-rare; dans le bois pourri au pied des chênes. — M. *Emy.*)

ABRÆUS. *Leach.*

711. A. Globulus. *Creutz.* Rare. Dijon, cours du Parc, dans des champignons dans l'intérieur d'un tilleul creux.

712. A. Globosus. *Ent. Hefte.* Rare. Dans les matières végétales en décomposition. Dijon, au Parc, sous des détritus au pied d'une souche de charme; 1er avril. Saint-Nicolas-les-Cîteaux, dans du bois de chêne pourri et humide; 25 septembre. (Rouvray, dans les bolets et sous les écorces de hêtre; rare. — M. *Emy.*)

713. A. Granulum. *Erich.* Rare. Dijon, cours du Parc, dans un champignon en décomposition dans l'intérieur d'un tronc de tilleul.

714. A. Minutus. *F. De Marseul.* Assez rare. Environs de Dijon.

715. A. Nigricornis. *Ent. Hefte.* Commun. Sous les pierres qui recouvrent du fumier. Avril, mai. Dijon, chemins entre celui d'Ahuy et celui de Fontaine; chemin de la fontaine Sainte-Anne, etc.

SCARABÆI.

—

PLATYCERUS. *Geoffr.*

716. P. Caraboïdes. **F.** Pas rare. Sur les branches de chêne dans les bois, quelquefois au vol ou sur les fagots; la femelle se tient ordinairement dans l'intérieur des bourgeons de chêne. Paraît dès la fin d'avril les années précoces, mais toujours lorsque la feuille de chêne commence à se développer; on le trouve pendant tout le mois de mai. Plombières, combe de Neuvon. Flavignerot. Marsannay-la-Côte, dans la grande combe et sur le plateau près du parc de Gouville. Messigny, fontaine de Jouvence. Fixin, dans la combe et dans le bois près du chemin de fer. Gevrey, Chambolle, etc. (Savigny-sous-Beaune. Fontaine-Froide; rare. — M. *Arias.*) (Rouvray; assez commun. — M. *Emy.*)

Variété Rufipes. *Muls.* Rare. Comme le type de l'espèce et aux mêmes époques. Plombières, combe de Neuvon. Combe de Marsannay. (Rouvray. — M. *Emy.*)

LUCANUS. *Scop.*

717. L. Cervus. **F.** Pas rare. Dans les bois, la journée sur les arbres, et le soir, après le coucher du soleil, au vol. Du 11 juin aux premiers jours de juillet; j'ai cependant trouvé des femelles en août et au commencement de septembre sur des souches de chêne où elles déposaient sans doute leurs œufs; cet insecte a aussi été trouvé dans la terre, bien développé, le 9 mai. Dijon, au Parc; quelquefois à la fontaine de Larrey, sur les saules, où j'ai observé une fois plusieurs mâles se battant avec leurs mandibules près d'une partie du tronc qui laissait suinter un liquide jaunâtre. Marsannay-la-Côte. Fixin. Gevrey. Chambolle, etc. (Beaune. — M. *Arias.*) (Rouvray. M. *Emy.*)

Les exemplaires de très-grande et de très-petite dimension sont rares. J'en possède de 25 et de 52 millimètres de longueur, mesurés depuis la partie antérieure du labre jusqu'à l'extrémité suturale des élytres.

DORCUS. *Mac-Leay.*

718. D. Parallelipipedus. *Linn.* Commun. Sur les troncs d'arbres creux par les soirées chaudes de l'été, sur les vieilles souches. Du 15 mai au 20 juillet; trouvé cependant le 25 avril, sous une pierre dans un bois, et le 16 septembre. Dijon, cours du Parc, rempart de Tivoli et Allée-de-la-Retraite, sur les tilleuls; fontaine de Larrey, sur les saules, quelquefois au vol le soir; route de Langres, sur un frêne; bord du bassin du Canal, sur des troncs de chênes, le matin. Plombières, combe de Neuvon, sur une vieille souche de chêne. Flavignerot. Marsannay. Chambolle, etc. (Beaune. — M. *Arias.*) (Rouvray. — M. *Emy.*)

SINODENDRON. *F.*

719. S. Cylindricum. *Linn.* (Environs de Rouvray, dans l'intérieur de très-vieux hêtres, 7 juillet. — M. *Nodot* et M. *Emy.*)

GEOTRUPES. *Latr.*

720. G. Stercorarius. *Linn.* Pas rare. Dans les excréments de cheval et dans les trous que l'insecte se creuse en terre sous ces excréments. Été. Dijon, chemin de la rente de Morvau, etc. (Beaune; sur la route de Dijon, par terre; octobre. — M. *Arias.* Trouvé aussi par M. *André.*)

721. G. Putridarius. *Esch.* Assez commun. Dans les excréments et au vol le soir, sur les routes et les chemins. Printemps, été. Dijon, chemin d'Ahuy, chemin de la rente de Morvau, Vieux-Suzon, etc. (Rouvray. — M. *Emy.*)

722. G. Mutator. *Marsh.* Très-commun. Dans les excré-

ments de vache, de cheval et ceux de l'homme, et le soir au vol. Printemps, été. Dijon, sur les routes et les chemins autour de la ville ; chemin d'Ahuy, chemin de Daix, etc. Plombières ; octobre. (Rouvray. — M. *Emy.*) (Beaune. — M. *André.*)

723. G. Hypocrita. *Schn.* (Beaune ; pas commun. — M. *Arias.*) (Rouvray ; très-rare. — M. *Emy.*)

724. G. Sylvaticus. *Panz.* Pas commun. Dans les bois, par terre et sous les champignons. Mai. Combe de Gevrey. Chambolle. (Rouvray ; très-commun. — M. *Emy.*)

725. G. Vernalis. *Linn.* Commun. Dans les excréments. Printemps. Dijon, chemins autour de la ville, chemin de Saint-Joseph à Gouville, etc. (Beaune. — M. *Arias.*)

CERATOPHYUS. *Fisch.* — GEOTRUPES. *Latr.*

726. C. Typhœus. *Linn.* Pas rare. Le soir au vol, surtout après une pluie chaude. Fin avril, mai. Dijon, chemin de la Charmette, près de Saint-Martin ; très-rarement dans d'autres localités ; chemin de Fontaine, chemin d'Ahuy, lit de Suzon. (Rouvray ; pas commun. — M. *Emy.*)

BOLBOCERAS. *Kirb.*

727. B. Mobilicornis. *F.* Ce remarquable insecte a été jusqu'ici considéré comme très-rare, et moi-même j'avais eu la même opinion ; mais j'ai pu me convaincre, comme l'a fait M. Aubé, l'un des premiers entomologistes de Paris (1), que la rareté de cette espèce résultait seulement de la difficulté de sa recherche lorsqu'on ne connaît pas les circonstances indispensables pour la rencontrer avec certitude. J'ai indiqué ces circonstances dans une lettre que j'ai adressée à M. Aubé, et qui a été insérée dans les *Annales de la Société*

---

(1) *Note sur le Bolboceras mobilicornis.* Annales de la Société entomologique de France, 2e série, tome 10. 1852, p. 659 et suiv.

entomologique de France (1). Je vais les rappeler en abrégé. Cet insecte vole le soir au crépuscule, très-près de terre, depuis les derniers jours de mai jusqu'au milieu de juillet, lorsqu'il fait une grande chaleur; et c'est toujours de huit heures et demie à neuf heures du soir que je l'ai rencontré, excepté quelquefois par un temps très-couvert et orageux, où j'ai pris le *Bolboceras* dès les sept heures un quart; il se trouve en outre dans les lieux humides ou dans leur voisinage. Il faut, après avoir réuni les conditions de lieu, de saison et d'heure, y ajouter celle d'un ciel sans nuage ou à peu près, et se placer alors de manière à ce que l'insecte en volant se détache sur le ciel; autrement l'obscurité ne permettrait pas de l'apercevoir; il faut pour cela se baisser presque jusqu'à terre. J'ai pris ainsi près de Dijon, sur le petit chemin de Ruffey, près du ruisseau qui sort du clos de Pouilly, une certaine quantité de *B. Mobilicornis*, ordinairement cinq ou six pendant la demi-heure que dure cette chasse, quelquefois un plus grand nombre, quelquefois aussi deux ou trois seulement. J'ai également trouvé cette espèce près de Dijon, à la fontaine de Larrey, sur le chemin d'Ahuy près de Suzon, sur le chemin de Fontaine, rarement dans la première de ces localités, et un seul exemplaire dans chacune des deux autres; deux exemplaires ont été trouvés le 4 juin (var. jaune) par M. *J. Luce*, au commencement du chemin de Daix; elle a été prise également une fois au Parc, et une autre fois par M. *Tarnier*, à Fixin; toujours le soir au vol.

GYMNOPLEURUS. *Ill.*

728. G. Mopsus. *Pallas.* — PILLULARIUS. *F.* Commun. Dans les excréments de l'homme, principalement sur les montagnes ou dans leur voisinage. Printemps. Dijon,

---

Combe-aux-Serpents. Marsannay-la-Côte, sur le chemin de la combe de Gouville. Chambolle. (Beaune. — M. *Arias.*)

SISYPHUS. *Latr.*

729. S. Schæfferi. *Linn.* Commun. Comme le *Gymnopleurus mopsus;* aussi au printemps. Marsannay-la-Côte, chemin de la combe de Gouville. (Fixin. — M. *Tarnier.*) Chambolle. (Beaune. — M. *Arias.*) (Rouvray ; fort rare. — M. *Emy.*)

COPRIS. *F.*

730. C. Lunaris. *Linn.* — Femelle. Emarginata. *F.* Assez commun. Dans les excréments de cheval et de vache. Printemps. Dijon, derrière le Parc du côté de Longvic ; chemin de la rente de Morvau. (Fixin. — M. *Tarnier.*) Chambolle. (Beaune. — M. *Arias.*) (Rouvray. — M. *Emy.*)

ONTHOPHAGUS. *Latr.*

731. O. Lemur. *F.* Assez commun. Dans les excréments de l'homme, principalement sur les montagnes. Printemps. (Fixin. — M. *Tarnier.*) Chambolle. (Beaune ; pas commun. — M. *Arias.*) (Rouvray ; pas commun. — M. *Emy.*)

732. O. Maki. *Ill.* (Beaune ; rare. — M. *Arias.*)

733. O. Nuchicornis. *Linn.* (Beaune ; pas rare. — M. *Arias.*) (Rouvray. — M. *Emy.*)

734. O. Fracticornis. *Preyssl.* Assez commun. Dans les excréments de vache, etc. Printemps, automne. Talant, près de la Fontaine-aux-Fées, dans des excréments de mouton. Fixin, Chambolle, sur les pâturages des montagnes. (Beaune ; pas commun. — M. *Arias.*) (Rouvray. — M. *Emy.*)

735. O. Nutans. *F.* Pas rare. Dans les excréments. Environs de Dijon. (Beaune. — MM. *Arias* et *André.*) (Rouvray. — M. *Emy.*)

736. O. Cœnobita. *Herbst.* Pas rare. Dans les excréments

de l'homme. Printemps. Dijon, chemin près de la Combe-aux-Serpents, etc. (Beaune ; rare. — MM. *Arias* et *André*.) (Rouvray. — M. *Emy*.)

757. O. VACCA. *Linn*. — MEDIUS. *F*. — AFFINIS. *Sturm*. Commun. Dans les excréments de vache. Printemps. Dijon. Fixin, etc. (Beaune. — M. *Arias*.) (Rouvray. — M. *Emy*.)

758. O. TAURUS. *Linn*. — CAPRA. *F*. Pas commun. Dans les excréments de vache. Dijon, environs de Mirande. (Beaune ; très-commun. — MM. *Arias* et *Bourlier*.) (Rouvray. — M. *Emy*.)

759. O. SCHREBERI. *Linn*. Très-commun. Dans les excréments de vache. Printemps. Dijon, environs de Mirande. Chambolle. (Beaune. — M. *Arias*.) (Rouvray. — M. *Emy*.)

740. O. OVATUS. *Linn*. Très-commun. Dans les excréments de vache. Printemps, été. Dijon. Environs de Mirande, etc. (Fixin. — M. *Tarnier*.) Chambolle. (Beaune. — MM. *Arias* et *André*.) (Rouvray. — M. *Emy*.)

ONITICELLUS. *Lepellet*.

741. O. FLAVIPES. *F*. Commun. Dans les excréments de vache. Printemps. Dijon, chemin de la rente de Morvau, environs de Mirande, etc. Chambolle. (Beaune ; rare. — M. *Arias*.) (Rouvray. — M. *Emy*.)

COLOBOPTERUS. *Muls*. — APHODIUS. *F*.

742. C. ERRATICUS. *F*. Très-commun. Dans les excréments de vache. Printemps, été. Dijon, chemin de Morvau, environs de Mirande, chemin de Daix, etc. (Beaune. — M. *Arias*.) (Rouvray. — M. *Emy*.)

EUPLEURUS. *Muls*. — APHODIUS. *F*.

743. E. SUBTERRANEUS. *Linn*. Pas rare. Dans les excréments de vache. Printemps, été. Dijon, environs de Mirande. (Beaune. — M. *Arias*.) (Rouvray. — M. *Emy*.)

OTOPHORUS. *Muls.* — *APHODIUS. F.*

744. O. Hæmorrhoidalis. *Linn.* Pas rare. Dans les excréments. Printemps. Environs de Dijon. (Rouvray. —
M. *Emy.*)

TEUCHESTES. *Muls.* — *APHODIUS. F.*

745. T. Fossor. *Linn.* Commun. Dans les excréments de
vache. Mai à août. Dijon, chemin de la rente de Morvau ;
derrière le Parc du côté de Longvic. Fixin. Chambolle.
(Beaune. — M. *Arias.*) (Rouvray. — M. *Emy.*)
Variété Sylvaticus. *Ahrens.* Assez rare. Fixin. Chambolle.
(Beaune. Rouvray.)

APHODIUS. *Ill.*

746. A. Scybalarius. *F.* (Rouvray. — M. *Emy.*)
747. A. Fœtens. *F.* Rare. Environs de Dijon. (Juillet ;
dans les bouses. — M. *Nodot.*)
748. A. Fimetarius. *Linn.* Excessivement commun. Dans
les excréments de vache, de cheval, et ceux de l'homme ;
au vol au premier printemps, et même à la fin de l'hiver,
par les temps sereins, auprès des excréments. Depuis le milieu de février jusqu'en automne. Dijon, fossés du cours du
Parc, environs de Mirande, chemin de la rente de Morvau,
chemin de Daix, etc. Fixin. Chambolle, etc. (Pontailler. — M. *Dudrumel.*) (Beaune. — M. *Arias.*) (Rouvray.
— M. *Emy.*)
749. A. Alpinus. *Scopoli.* — Rubens. *Dej.* (Beaune ; rare.
— M. *Arias.*)
750. A. Constans. *Meg.* — Vernus. *Muls.* Pas commun.
Environs de Dijon.
751. A. Granarius. *Linn.* — Carbonarius. *Sturm.* Commun. Dans les excréments et au vol. Environs de Dijon.
(Beaune. — M. *Arias.*) (Rouvray. — M. *Emy.*)

752. A. Bimaculatus. *F.* Pas commun. Environs de Dijon. (Beaune. — MM. *Arias* et *André*.)

753. A. Plagiatus. *Linn.* — Niger. *Gyll.* (Rouvray. — M. *Emy*.)

754. A. Quadrimaculatus. *Linn.* — Quadripustulatus. *F.* Pas commun. Environs de Dijon.

755. A. Tristis. *Panz.* (Beaune; rare. — M. *Arias*.)

756. A. Pusillus. *Herbst.* Commun. Dans les excréments et au vol. Environs de Dijon. Plombières, combe de Neuvon, en fauchant, 26 juin. (Beaune; rare. — MM. *Arias* et *André*.)

757. A. Sordidus. *F.* Commun. Dans les excréments de vache. Printemps, été. Dijon, environs de Mirande, etc. (Beaune. — M. *Bourlier*.) (Rouvray. — M. *Emy*.)

Variété Rufescens. *F.* Assez commun. Comme le précédent. Dijon, environs de Mirande. (Rouvray. — M. *Emy*.).

758. A. Lugens. *Creutz.* Pas rare. Dans les excréments de vache et au vol le soir. Juillet, août. Dijon, environs de Mirande; fontaine de Larrey, etc. (Beaune; rare. — M. *Arias*.)

759. A. Immundus. *Creutz.* Commun. Dans les excréments de vache. Été. Dijon, environs de Mirande. (Beaune. — M. *Bourlier*.)

760. A. Nitidulus. *F.* Pas rare. Dans les excréments. Environs de Dijon. (Beaune. — MM. *Arias* et *Bourlier*.)

761. A. Merdarius. *F.* Commun. Dans les excréments. Printemps. Dijon, Combe-aux-Serpents, etc. (Beaune. — M. *Arias*.) (Rouvray. — M. *Emy*.)

762. A. Lividus. *Oliv.* — Anachoreta. *F.* Rare. Dans les excréments et au vol. Environs de Dijon. (Beaune. — M. *Arias*.)

763. A. Melanostictus. *Schüpp.* — Conspurcatus. *F.* Pas rare. Dans les excréments et au vol. Été. Dijon, environs de Mirande, chemin de Saint-Martin à Fontaine, etc. (Rouvray. — M. *Emy*.)

764. A. Inquinatus. *Herbst.* Rare. Environs de Dijon.
(Beaune. — MM. *Arias* et *André*.) (Rouvray. — M. *Emy*.)

765. A. Consputus. *Creutz.* Pas commun. Environs de
Dijon. (Rouvray. — M. *Emy*.)

766. A. Quadriguttatus. *Herbst.* — Quadrimaculatus. *F.*
Rare. Dans les excréments. Mai. Dijon, environs de Mirande.
(Fixin. — M. *Tarnier*.)

ACROSSUS. *Muls.* — APHODIUS. *F.*

767. A. Rufipes. *Linn.* Pas rare. Dans les excréments de
vache et le soir au vol. Eté, automne. Dijon, environs de
Mirande, fontaine de Larrey, petit chemin de Ruffey, etc.
Talant. (Fixin. — M. *Tarnier*.) (Beaune. — M. *Arias*.) (Rouvray. — M. *Emy*.)

768. A. Luridus. *F.* Commun. Dans les excréments de
vache et de mouton. Printemps. Dijon, Combe-aux-Serpents. Flavignerot. (Fixin. — M. *Tarnier*.) (Beaune. —
M. *Arias*.) (Rouvray. — M. *Emy*.)

Variété Variegatus. *Herbst.* Flavignerot. Rare.

Variété Gagatinus. *Fourcr.* — Nigripes. *F.* Comme le
type de l'espèce et dans les mêmes lieux ; encore plus commun. (Beaune. — M. *André*.)

769. A. Depressus. *Kugel.* (Beaune ; rare. — M. *Arias*.)

770. A. Pecari. *F.* Pas rare. Dans les excréments. Printemps. Dijon, environs de Mirande. (Fixin, près de la ferme
de la Fortelle. — M. *Tarnier*.) (Beaune. — M. *Arias*.) (Rouvray. — M. *Emy*.)

MELINOPTERUS. *Muls.* — APHODIUS. *F.*

771. M. Obliteratus. *Heyden.* Très-commun. Dans les
excréments de l'homme, et au vol près de ces excréments,
par les temps chauds et sereins. Octobre. Dijon, au bord
des chemins. Fixin. (Beaune ; dans les excréments de cheval, sur les routes, en automne. — M. *Arias*.)

772. M. Prodromus. *Brahm.* Commun. Au vol, près des excréments de l'homme. Printemps, automne. Dijon, fossés du cours du Parc, etc. (Beaune; comme le précédent. — M. *Arias.*) Villenote, près du bois de Champeaux. (Rouvray; dans les bouses un peu desséchées, sur l'Erigny, 16 avril. — M. *Emy.*)

HEPTAULACUS. *Muls.* — **APHODIUS.** *F.*

773. H. Sus. *Herbst.* — **Pubescens.** *Sturm.* (Rouvray. — M. *Emy.*)

AMMOECIUS. *Muls.* — **APHODIUS.** *F.*

774. A. Elevatus. *F.* (Beaune; pas commun.—M. *Arias.*)
775. A. Brevis. *Erich.* (Fixin. Rare. — M. *Tarnier.*)

PLAGIOGONUS. *Muls.* — **APHODIUS.** *F.*

776. P. Arenarius. *Oliv.* Rare. Environs de Dijon.

OXYOMUS. *Esch.*

777. O. Porcatus. *F.* Très-commun. Au vol, par les soirées chaudes. Printemps, été. Dijon, sur les chemins, cours du Parc, fontaine de Larrey, etc. (Beaune. — MM. *Arias, Bourlier* et *André.*) (Rouvray. — M. *Emy.*)

PLEUROPHORUS. *Muls.* — **OXYOMUS.** *Esch.*

778. P. Cœsus. *Panz.* Pas rare. Au vol le soir par les temps très-chauds et orageux. Printemps, été. Dijon, sur les chemins entre celui de Fontaine et celui d'Ahuy, etc. (Beaune. — MM. *Arias, Bourlier* et *André.*)

RHYSSEMUS. *Muls.* — **OXYOMUS.** *Esch.*

779. R. Germanus. *Linn.* — **Asper.** *F.* Très-rare. Je n'ai trouvé qu'un seul exemplaire de cette espèce, au vol par une soirée très-chaude, à Dijon, au bord du jet-d'eau de la porte Saint-Pierre, le 28 mai.

TROX. *F.*

780. T. Perlatus. *Scriba.* Pas rare. Sous les cadavres desséchés. Printemps, été. Dijon, chemin de Talant, chemin de Fontaine près de la promenade de Montchapet, etc. Plombières, combe de Neuvon, sur des excréments de renard, 28 mai. (Beaune; été, automne; rare. — M. *Arias.*) (Rouvray; pas commun. — M. *Emy.*)

781. T. Hispidus. *Laichart.* (Rouvray; assez rare. — M. *Emy.*)

782. T. Sabulosus. *Linn.* Pas commun. Le soir au vol par les temps chauds et quelquefois aussi sous les cadavres desséchés. Printemps, été. Dijon, chemin de Talant, chemin de Saint-Martin à Fontaine, etc. Chambolle.

783. T. Scaber. *Linn.* — **Arenarius.** *F.* Pas rare. Le soir au vol par les temps chauds. Du 25 mai au 13 juillet. Dijon, fontaine de Larrey; petit chemin de Ruffey; bord de Suzon, sur un peuplier; Allée-de-la-Retraite, sur un tilleul. (Fixin. — M. *Tarnier.*) (Rouvray; pas commun. — M. *Emy.*)

ORYCTES. *Ill.*

784. O. Nasicornis. *Linn.* (Châtillon-sur-Seine, dans le tan. — M. *Nodot.*)

POLYPHYLLA. *Harris.* — *MELOLONTHA. F.*

785. P. Fullo. *F.* (Saulieu. — M. *Lombard.*)

MELOLONTHA. *F.*

786. M. Albida. *Dej.* Un exemplaire de cet insecte a été trouvé à Dijon sur la route de Plombières, au bord de l'Ouche, sur un jeune peuplier, près du moulin Vesson, par M. *L. Humbert.*

787. M. Vulgaris. *Linn.* Cet insecte n'est que trop commun, surtout certaines années; il paraît avec les premières feuilles, à la fin d'avril, quelquefois dès le 15 quand l'année est précoce, et ne disparaît qu'au commencement de juillet ; mais c'est pendant le mois de mai qu'il est le plus commun. Partout, sur les arbres des jardins et des promenades, ainsi que sur ceux des bois ; sur les haies ; le soir au vol. Trouvé une fois dans la terre dès le mois de février.

RHIZOTROGUS. *Latr.*

788. R. Æstivus. *Oliv.* Très-commun. Le soir au vol au bord des chemins ; dans les champs ; autour des haies. Du 16 avril au 4 mai. Dijon, autour de la ville. Trouvé une fois sous une pierre le 14 avril, derrière le mur du Parc du côté de Longvic. (Fixin. — **M.** *Tarnier.*) (Beaune ; juin, juillet. — **M.** *Arias.*) (Rouvray. — **M.** *Emy.*)

789. R. Cicatricosus. *Muls.* — Meridionalis. *Dej.* (Beaune ; rare ; juin, juillet. — **M.** *Arias.*)

AMPHIMALLUS. *Latr.* — RHIZOTROGUS. *Latr.*

790. A. Ater. *Herbst.* Commun. Le mâle se trouve ordinairement le matin au vol au bord des chemins et dans les champs, où il se cramponne quelquefois aux tiges de blé ou de seigle. La femelle se trouve par terre sur les chemins, souvent sur la poussière. Du 17 juin au 25 juillet. Dijon, cours du Parc et intérieur de cette promenade, Vieux-Suzon, bord du Canal, chemin de Daix. Plombières, bord de la route. Velars-sur-Ouche, dans la combe de La Cude. Gevrey. (Nantoux, près Beaune. — **M.** *Péragallo.*) (Beaune ; dans les fossés et sur les *Sedum* des terrains incultes ; juin ; très-commun. — **M.** *Arias.*)

791. A. Solstitialis. *Linn.* Commun. Le soir au vol, dans les prés, au bord des chemins et autour des peupliers. Juillet. (Juin. — M. Vodot.) Dijon, dans les prés entre le Canal et l'Ouche, surtout autour des jeunes peupliers ; derrière le Parc ; bord du Canal ; chemin de Daix ; Vieux-Suzon ; chemin d'Ahuy, autour des peupliers qui bordent le lit de Suzon, etc.

792. A. Ochraceus. *Knoch.* — Fallenii. *Sch.* Pas commun. Environs de Dijon.

795. A. Ruficornis. *F.* — Paganus. *Oliv.* Pas commun. Au vol le matin, au bord des chemins. Juin. Dijon, Allée-de-la-Retraite. Plombières, bord de la route. (Nantoux, près Beaune. — M. *Péragallo.*) (Beaune; très-commun sur les routes et les fossés. — M. *Arias.*) (Rouvray. — M. *Emy.*)

ANOMALA. *Meg.*

794. A. Frischii. *F.* — Julii. *F.* Var. (Auxonne; 20 juillet environ; sur les fleurs de rosiers dans les jardins. — M. *Eug. Guillaume.*)

PHYLLOPERTA. *Kirby.* ANISOPLIA. *Meg.*

795. P. Horticola. *Linn.* Assez commune. Sur les fleurs des rosiers sauvages. Juin. Dijon, chemin d'Ahuy, chemin de Daix, intérieur du Parc sur des feuilles. Asnière, sur les feuilles dans le bois. Flavignerot, sur des ombellifères dans la combe. (Beaune; sur les herbes au bord des ruisseaux; mai et juin. — M. *Arias.*) (Rouvray. — M. *Emy.*)

Variété Ustulatipennis. *Villa.* Moins commune que le type. Dijon, chemin d'Ahuy. (Rouvray. — M. *Emy.*)

ANISOPLIA. *Meg.*

796. A. Fruticola. *F.* (Rouvray; assez rare. — M. *Emy.*)

797. A. Agricola. *F.* (Rouvray; assez rare. — M. *Emy.*)

798. A. Tempestiva. *Erichs.* — Austriaca. *Muls.* Var. Deleta. *Muls.* J'ai trouvé deux exemplaires de cet insecte, le 4 juillet, sur des tiges de seigle, à Perrigny, près de la ferme de Sans-Fond.

SERICA. *Mac Leay.* — OMALOPLIA. *Meg.*

799. S. Brunnea. *Linn.* Rare. Juillet. Plombières, combe de Neuvon à Darois. Cet insecte doit avoir des habitudes

nocturnes; j'en ai trouvé quelques individus morts pris dans des toiles d'araignées tendues sur des plantes. (Fixin, au vol, le soir dans la combe, trouvée avec une lanterne à 10 heures. — M. *Tarnier*.) (Rouvray. — M. *Emy*.)

OMALOPLIA. *Steph.*

800. O. Holosericea. *Scop.* — Variabilis. *F.* Très-rare. Environs de Dijon.

BRACHYPHYLLA. *Muls.* — *OMALOPLIA. Meg.*

801. B. Ruricola. *F.* Pas rare. Le matin au vol sur les pelouses, dans les champs, au bord des chemins, sur la lisière des bois. Commencement de juillet. Dijon, combe Saint-Joseph; fossés à l'ouest du cours du Parc, autour des tas d'herbe coupée, par un temps couvert, dans l'après-midi. Flavignerot. Chambolle. La variété noire est plus rare.

HOPLIA. *Ill.*

802. H. Philanthus. *Sulz.* — Argentea. *Oliv.* Commune. Autour des saules, dans les lieux un peu humides. Juin, juillet. Dijon, le long du cours de Suzon, près la route d'Auxonne; chemin d'Ahuy, sur les chardons. (Crimolois, au vol autour des saules. — M. *Tarnier*.) Gevrey, au-dessus du grand étang de Satenay. (Savigny-sous-Beaune, Fontaine-Froide. Pommard, sur le chemin de Nantoux. — M. *Péragallo*.) (Beaune; pas commune; dans les bois sur les plantes. — M. *Arias*.) (Rouvray. — M. *Emy*.)

803. H. Farinosa. *Linn.* — Squamosa. *F.* Commune. Sur les fleurs des rosiers sauvages et des ombellifères, surtout dans les bois des montagnes. 31 mai, juin. Marsannay-la-Côte, chemin de la combe et dans le bois. Plombières, bois de Bonveau et combe de Neuvon. Flavignerot. Fixin. Gevrey. Chambolle. (Beaune. — M. *Arias*.) (Rouvray; très-rare. — M. *Emy*.)

VALGUS. *Scriba.*

804. V. Hemipterus. *Linn.* Pas rare. Dans les arbres creux et sur le bois mort. Avril, mai, commencement de juin. Dijon, cours du Parc dans les tilleuls creux et sur l'herbe des fossés; intérieur du Parc dans un peuplier creux et sur du bois mort empilé; serre chaude du Jardin botanique, 12 mars. (Beaune. — M. *Arias.*) (Rouvray. — M. *Emy.*)

TRICHIUS. *F.*

805. T. Fasciatus. *Linn.* Pas rare. Dans les bois, sur les fleurs de ronce et d'ombellifères. Juin, juillet, août. Plombières, combe de Neuvon à Darois. (Rouvray. — M. *Emy.*)

806. T. Gallicus. *Dej.* Commun. Sur différentes fleurs, les roses, les ombellifères, etc. Mai, juin, juillet. Dijon, dans les jardins de la ville sur les roses; le long du Canal, sur les ombellifères; bord de l'Ouche, sur les fleurs d'yèble, *Sambucus ebulus,* etc. (Fixin. Gevrey. — M. *Tarnier.*) Chambolle, sur les fleurs d'héraclée, *Heracleum sphondylium.* (Beaune. — M. *Arias.*) (Rouvray. — M. *Emy.*)

OSMODERMA. *Lepellet.*

807. O. Eremita. *Scop.* Pas commune. Sur les troncs d'arbres creux, principalement de tilleuls et de saules, et sur le bois mort. Cet insecte exhale une odeur assez forte, ressemblant à peu près à celle de la prune ou de l'abricot, et qui le fait facilement découvrir à l'entrée des cavités des arbres sur lesquels il se tient dans l'après-midi lorsqu'il fait chaud (1). Du 28 juin au 12 août. Dijon, intérieur et cours du Parc, rempart de Tivoli, fontaine de Larrey. Plombières.

---

(1) Cette odeur est assez prononcée pour qu'une personne qui la connaît puisse sentir un insecte de cette espèce à 20 mètres environ de distance en se plaçant sous le vent.

Concœur, sur un noyer près du château d'Entre-deux-Monts. (Beaune. — M. *Arias.*) (Villenote, près Semur. — M. *Lombard.*) (Dompierre-en-Morvant, au pied d'un prunier carié, près du hameau de Genouilly ; trouvée une seule fois. — M. *Emy.*)

GNORIMUS. *Lepellet*

808. G. Nobilis. *Linn.* Pas rare. Sur les fleurs, surtout les ombellifères et les roses, sur les arbres et le bois mort. Du 26 mai au 10 juillet. Dijon, au Parc sur du bois mort empilé ; dans l'intérieur de la ville, sur les roses dans les jardins ; fontaine de Larrey, sur les saules. Fontaine-lez-Dijon, sur des roses dans un jardin. (Beaune ; fleurs d'yèble, *Sambucus ebulus.* — M. *Arias.* Au jardin anglais. — M. *Péragallo.*) (Rouvray. — M. *Emy.*)

CETONIA. *F.*

809. C. Stictica. *Linn.* Commune. Sur les fleurs, dans les jardins, les haies, au bord des chemins, etc. Avril à juillet. Dijon, dans les jardins sur différentes fleurs ; au bord des chemins sur les fleurs de plantain ; dans les haies sur les fleurs d'aubépine ; fontaine de Larrey, etc. (Fixin.—M. *Tarnier.*) (Beaune ; sur les fleurs, le blé, etc. — M. *Arias.*) (Rouvray. — M. *Emy.*)

810. C. Hirtella. *Linn.* — Hirta. *F.* Commune. Sur différentes fleurs, pissenlit (*Leontodon taraxacum*), aubépine, plantain, etc., au bord des chemins. Avril à juin. Dijon, Parc, chemin de Chenôve, chemin de Daix, etc. Marsannay-la-Côte. (Fixin. — M. *Tarnier.*) Chambolle. (Beaune. — M. *Arias.*) (Rouvray. — M. *Emy.*)

811. C. Aurata. *Linn.* Très-commune. Sur différentes fleurs, roses des jardins et sauvages, ombellifères, fleurs d'yèble, etc. Avril, mai, juin ; 27 mars sous une pierre. Dijon, dans les jardins dans la ville, au bord des chemins sur les haies, sur les ombellifères dans les prés et dans les bois, sur le bois mort au Parc. Flavignerot. (Fixin. — M. *Tarnier.*) Chambolle. (Beaune. — M. *Arias.*) (Rouvray. — M. *Emy.*) On trouve la larve et la nymphe de cette espèce dans le terreau au bas des tilleuls en août, et c'est à cette époque qu'elle subit sa dernière métamorphose dans sa coque pour ne sortir qu'au printemps suivant.

812. C. Morio. *F.* (Rouvray ; rare. — M. *Emy.*)

813. C. Metallica. *Payk.* Variété Obscura. *Andersch.* Moins commune que l'*Aurata.* Aussi sur différentes fleurs. Printemps. Dijon, cours du Parc, etc. (Beaune ; rare ; sur les roses ; l'été. — M. *Arias.*) (Rouvray. — M. *Emy.*)

Variété Metallica. *F.* (Rouvray ; rare. — M. *Emy.*)

814. C. Marmorata. *F.* Rare. Sur le bois mort, dans les creux des arbres et au vol près des arbres morts ou creux. Mai, juin. (25 avril. — M. *Nodot.*) Dijon, intérieur et cours du Parc. Concœur, bois de Mantuan, près du Télégraphe. (On trouve, dans le terreau au pied des tilleuls, au cours du Parc, à la fin de juillet et en août, la nymphe de cette espèce, qui ne tarde pas à se métamorphoser dans sa coque, où elle reste jusqu'au printemps suivant. — M. *Tarnier.*)

⸺⸱⸻

BUPRESTI.

—

PTOSIMA. *Solier.*

815. P. Novemmaculata. *F.* Rare. Sur les ronces et les rosiers. Du 30 mai au 1ᵉʳ juillet. (Dijon, trouvée une fois au Parc par M. *Eug. Guillaume.*) (Gevrey, près d'une fontaine dans les vignes au bord du bois du Chaignot. — M. *Tarnier.*) M. *Piffond,* conseiller à la Cour impériale de Dijon, m'a donné un certain nombre d'exemplaires de cet insecte pris par lui dans son jardin, à Chambolle. (Rouvray ; extrêmement rare. — M. *Emy.*)

CAPNODIS. *Esch.*

816. C. Tenebrionis. *Linn.* Rare. Sur les prunelliers couverts de lichens. Du 30 mai au 29 juin; en septembre et jusqu'au 16 octobre. (Dijon, combe Saint-Joseph. — M. *Dudrumel.*) Marsannay-la-Côte. Chambolle, dans la combe; au bord du bois, contre les champs d'Entre-deux-Monts; combe d'Orvau.

BUPRESTIS. *Linn.* — *LAMPRA. Mey.*

817. B. Rutilans. *F.* Pas rare. Sur le tronc des tilleuls au soleil. Du 25 mai au 19 juillet. Dijon, cours et intérieur du Parc, Allée-de-la-Retraite, remparts autour de la ville, route de Langres. (Beaune. — MM. *Arias* et *Péragallo.*)

CHRYSOBOTHRIS. *Esch.*

818. C. Affinis. *F.* Rare. Dans les bûchers et les chantiers de bois à brûler et dans les bois sur les arbres coupés. Fin juin, juillet. Dijon, dans les bûchers et les chantiers de la ville, surtout sur le bois de hêtre et de tremble; au Parc sur un arbre coupé. Chambolle, dans la combe sur un noyer abattu. Curley, bois des Liards, sur un hêtre abattu, dans une coupe en exploitation.

AGRILUS. *Curtis.*

819. A. Guerinii. *Lacord.* (Châtillon-sur Seine; un exemplaire de ce bel insecte a été trouvé par **M.** *Gontard,* en présence de M. *Emy,* dans le parc de Mme *de Rochechouard.*)

820. A. Biguttatus. *F.* Pas rare. Sur les jeunes pousses de chêne qui croissent sur les gros troncs coupés, sur les arbres abattus et le bois coupé dans les coupes en exploitation. Du 25 mai au 23 juin. Corcelles-les-Monts, bois près de la route de Paris. Flavignerot. Marsannay-la-Côte. Gevrey. Chambolle. Concœur. (Beaune. — **M.** *Arias.*) (Rouvray ; au vol à la cime des grands chênes et sous les écorces des souches des gros chênes coupés deux ans auparavant. M. *Emy.*)

821. A. Sinuatus. *Oliv.* Très-rare. Marsannay-la-Côte, près du parc de Gouville, dans une coupe de deux ans, sur une feuille de noisetier, 10 juin ; un seul exemplaire. Un second m'a été donné comme pris aux environs de Semur.

822. A. Aubei. *Lap.* et *Gory.* Pas rare. Sur les pousses de chêne. 21 mai, 25 juin. Fixin, bois près du chemin de fer.

823. A. Fallax. *Perroud. Inédit* (d'après M. *Reiche*). Pas rare. Juin. Fixin, bois de la plaine.

824. A. Graminis. *Laferté. Inédit* (d'après M. *Reiche*). Pas rare. Sur les pousses de chêne. Mai. Fixin, bois de la plaine.

825. A. Viridipennis. *Lap.* et *Gory.* Très-rare ; environs de Dijon. (Rouvray.— M. *Emy.*)

826. A. Auripennis. *Solier.* (Rouvray ; rare ; sur le tremble dans le bois Darié ; juin. — M. *Emy.*) J'en possède un exemplaire qui m'a été donné comme provenant des environs de Semur.

827. A. Cinctus. *Oliv.* (Rouvray ; pas rare. — M. *Emy.*)

828. A. Derasofasciatus. *Lacord.* Rare. Flavignerot, en fauchant dans le bois ; 28 mai.

829. A. Cyaneus. *Oliv.* (Rouvray, peu commun.— M. *Emy.*)

830. A. Laticornis. *Ill.* Rare. Environs de Dijon, je crois dans les bois de la plaine au bas de Fixin et de Perrigny. (Beaune, pousses de chêne ; juin. — M. *Arias.*)

831. A. Linearis. *F.* — Roberti. *Chevr.* Pas rare. Sur les pousses de chêne dans les coupes d'un an, dans les bois de la plaine. Juin, commencement de juillet. Crimolois. Fixin, bois près du chemin de fer. Gevrey, bois près de la voie romaine. (Beaune ; un seul exemplaire, bois de chêne. — M. *Arias.*)

832. A. Nocivus. *Ratz.* (Beaune ; rare ; juin.—M. *Arias.*)

833. A. Tenuis. *Ratz.* — Viridis. *F.* Commun. Dans les

bois, sur les pousses de chêne et sur le bois coupé. Fin mai, juin. Dijon, au Parc et dans les chantiers de bois à brûler dans la ville et près du bassin du Canal. Marsannay-la-Côte. Chambolle, etc. (Beaune. — M. *Arias.*) (Rouvray. — M. *Emy.*)

854. A. ANGUSTULUS. *Ratz. Ill.* Pas rare. Fixin, bois de la plaine, en fauchant. Mai, juin. (Rouvray. — M. *Emy.*)

CORRÆBUS. *Lap. et Gory.* — AGRILUS. *Meg.*

855. C. UNDATUS. *F.* Très-rare. Juillet, août. Sur les pousses de chêne. Environs de Dijon. (Savigny-sous-Beaune, Fontaine-Froide. — M. *Arias.*)

856. C. AMETHYSTINUS. *Oliv.* Pas rare. En fauchant dans les bois, sur les jeunes taillis. Du 18 mai au 2 juillet. Plombières, combe de Neuvon et coteaux. Corcelles-les-Monts, bois près de la route de Paris. Flavignerot. Blaisy-Bas. Fixin, bois près du chemin de fer. Gevrey. Curley, bois de la Reine. Saint-Nicolas-les-Cîteaux, forêt de Cîteaux.

857. C. ELATUS. *F.* Très-rare. Trouvé une seule fois dans la combe de Chambolle, sur une graminée, le 29 juin.

ANTHAXIA. *Esch.*

858. A. MANCA. *F.* Pas rare. Sur les fagots d'orme, les troncs d'orme, le bois coupé, etc. Du 5 mai au 1er juin. Dijon, au Parc sur des ormes coupés, sur une barrière et des fagots d'orme ; cours du Parc sur les petits ormes sur pied entourés d'épines ; (chemin du réservoir de la montée de Montmuzard, sur le tronc des jeunes ormes.—M. *Dudruuel.*) dans la ville, dans les bûchers et les chantiers de bois à brûler. Plombières, bois de Bonveau, sur des fagots ; Marsannay-la-Côte, sur des feuilles de noisetier dans la combe. (Savigny-sous-Beaune, bois de Chenôve, sur des rejetons de chêne ; juin. — M. *Arias.*) (Rouvray ; rare. — M. *Emy.*)

859. A. NITENS. *F.* — NITIDA. *Rossi.* Commune. Sur les

roses sauvages, les ombellifères, les renoncules, l'*Achillea millefolium* et d'autres fleurs. Du 15 mai au 8 août. Dijon, chemin de Daix, bords du Canal, bords de l'Ouche, fontaine de Larrey, chemins entre celui de Fontaine et celui d'Ahuy. Flavignerot. Marsannay-la-Côte, petit chemin près de la combe et dans la combe. (Fixin. — M. *Turnier.*) Gevrey, dans la combe. Chambolle. (Savigny-sous-Beaune, bois de Chenôve, sur les rejetons de chêne; pas commune. — M. *Arias.*) (Pommard. — M. *Péragallo.*) (Rouvray ; sur les roses églantines et sur les radiées. — M. *Emy.*)

840. A. Cichorii. *Oliv.* Commune. Sur les fleurs de carotte et de l'*Achillea millefolium.* Du 1er juillet au 15 août. Dijon, chemin de Daix ; bord de Suzon, près la route d'Auxonne; bords du Canal. (Beaune. Nantoux, 17 juin. — M. *Péragallo.*) (Savigny-sous-Beaune, bois de Chenôve, sur les rejetons de chêne ; juin. — M. *Arias.*)

841. A. Inculta. *Germ.* (Rouvray. — M. *Emy.*)

842. A. Læta. *F.* (Dijon ; commune, mêmes lieux que la *Nitens.* — M. *Nodot,* d'après M. *Emy.*)

843. A. Nitidula. *Linn.* Pas rare. Dans les bois, sur les jeunes pousses de chêne et de noisetier, les ombellifères, les roses sauvages, les ronces, et en fauchant. Du 9 mai au 3 août. Dijon, au Parc. Plombières, combes de Bonveau et de Neuvon. Flavignerot. Marsannay-la-Côte. Gevrey, dans la combe. Chambolle. (Rouvray ; mêmes lieux que la *Nitens.* — M. *Emy.*)

844. A. Funerula. *Ill.* (Rouvray. — M. *Emy.*)

TRACHYS. *F.*

845. T. Pygmæa. *F.* Très-rare. Environs de Dijon. (Rouvray. — M. *Emy.*)

846. T. Pumila. *Ill.* — Minuta. *F.* Commune. Dans les bois sur les feuilles, principalement celles de noisetier et de tilleul. Du 8 mai au 3 juillet et le 3 septembre. Dijon, au Parc.

Corcelles-les-Monts, Combe-aux-Serpents. Flavignerot,
dans la combe. Plombières, combe de Neuvon. Marsannay-
la-Côte. Fixin, bois près du chemin de fer. Gevrey, bois
d'aulnes près du petit étang de Satenay, sur le saule Marceau. (Beaune; pas commune. — M. *Arias.*) (Rouvray.—
M. *Emy.*)

847. T. Nana. *F.* Trouvé un seul exemplaire sur une
pierre au soleil, le 27 mai, sur un chemin près de la combe
de Marsannay-la-Côte.

848. T. Ænea. *Mann.* Rare. Environs de Dijon, dans les
bois.

APHANISTICHUS. *Latr.*

849. A. Emarginatus. *F.* Pas commun. Dans les bois de
la plaine, sur le saule Marceau; rarement dans les bois de
montagne. Du 16 au 29 juin. Plombières, combe de Neuvon
à Darois, en fauchant. Gevrey, près du grand étang de Satenay. Chambolle, jardin de M. *Piffond*, sur une tige de graminée. Saint-Nicolas-les-Cîteaux; forêt de Cîteaux. (Rouvray. — M. *Emy.*)

850. A. Pusillus. *Oliv.* Très-rare. Plombières-les-Dijon,
combe de Neuvon à Darois, en fauchant, le 26 juin. Curtil-
Vergy, bois de Mantuan, sur une pierre au soleil, le 17
septembre. Un seul exemplaire dans chacune de ces localités.

ELATERES.

MELASIS. *Oliv.*

851. M. Buprestoides. *Linn.* — Flabellicornis. *F.* Très-
rare. Sur le vieux bois. 25 mai, 16 juin. Dijon, au Parc, sur
du bois mort empilé. Chambolle, sur du vieux bois de char-

pente dans le village; (dans la combe. — M. *Tarnier*.)
(Rouvray. — M. *Emy*.)

CEROPHYTUM. *Latr.*

852. C. ELATEROIDES. *Latr.* Rare. Sous les écorces des arbres morts et dans les troncs creux des arbres. Du 51 mars au 50 mai. Dijon, au Parc, sous les écorces d'érables morts sur pied, sous les écorces de platanes vivants, sur un tronc de peuplier creux, sur du bois mort empilé; Allée-de-la-Retraite, dans un tronc de tilleul creux. (Rouvray; extrêmement rare. — M. *Emy*.)

EUCNEMIS. *Ahrens.*

853. E. CAPUCINUS. *Ahrens.* Rare. Sur les tilleuls et peupliers creux. Du 18 mai au 6 juillet. Dijon, au Parc, sur un tronc de peuplier creux et sur du bois mort empilé; cours du Parc, sur les troncs de tilleuls creux; Allée-de-la-Retraite et rempart de Tivoli, aussi sur des tilleuls creux. (Rouvray. — M. *Emy*.)

854. E. EMYI. *Rouget. Inédit.* (1) J'ai trouvé trois exemplaires de cette espèce en fauchant dans les bois; le premier

---

(1) J'extrais d'une description manuscrite, que je me propose d'adresser à la Société Entomologique de France, la diagnose suivante, qui suffira pour faire reconnaître facilement cette nouvelle espèce :

Elongatus, niger, confertim punctatus, cinereo-pilosus; capite convexo, non carinato, antennis longioribus, serratis; pronoto latitudine breviori, convexo, basi transversim impresso, postice medio longitudinaliter carinato, antice angustato, lateribus rectis, angulis posticis valde productis, acutissimis, supra carinatis; prosterno brevi, scrobibus antennariis profundis, rectis; elytris stria suturali tantummodo conspicua, apice summo laxe subseriatim foveolato-punctatis; tibiis tarsisque testaceis, his tenuibus, posticis elongatis.

MAS. *Antennis quarta parte corpore brevioribus, acutissime serratis.*
FEM. *Antennis tertia parte corpore brevioribus.*

(*Long.* 0^m^,0033-0^m^,0038. — *Lat.* 0^m^,0011-0^m^,0012.)

le 12 juin, à Flavignerot, au bas de la combe, et les deux autres les 20 et 24 juillet, à Plombières, dans la combe de Neuvon à Darois.

SYNAPTUS. *Esch.*

855. S. Filiformis. *F.* Rare. Bois de la plaine, en fauchant. Juin. Fixin, bois près du chemin de fer. Saint-Nicolas-les-Cîteaux, forêt de Cîteaux. (Beaune; sur les plantes. — MM. *Arias* et *Bourlier.*) (Rouvray. — M. *Emy.*)

MELANOTUS. *Esch.* — *CRATONYCHUS. Dej.*

856. M. Niger. *F.* Trouvé une seule fois à Dijon, par terre dans une rue, le 19 mai. (Beaune; pas commun; l'été; sur des plantes. — M. *Arias.*) (Rouvray. — M. *Emy.*)

857. M. Castaneipes. *Payk.* — Obscurus. *F.* Pas rare. Dans les bois sur les pousses de chêne. Du 16 mai au 11 juin. Fixin, bois près du chemin de fer. Gevrey, bois du Chaignot et de Château-Renaud. Plombières, combe de Neuvon, sous l'écorce d'une vieille souche de chêne. Chambolle. (Beaune. — M. *Bourlier.*) (Rouvray. — M. *Emy.*)

LACON. *Laporte.* — *AGRYPNUS. Esch.*

858. L. Murinus. *Linn.* Très-commun. Sur les tiges des plantes et au vol. Mai, juin. Dijon, au cimetière, à la Combe-aux-Serpents, sur les bords de Suzon, dans les fossés du cours du Parc, etc. (Quetigny. — M. *Tarnier.*) Fixin, bois près du chemin de fer, en fauchant. Chambolle, etc. (Beaune. — MM. *Arias* et *Bourlier.*) (Rouvray. — M. *Emy.*)

ATHOUS. *Esch.*

859. A. Rhombeus. *Oliv.* Rare. Le soir au vol autour des saules, à huit heures environ, lorsqu'il fait très-chaud; quelquefois la journée sur le tronc des tilleuls. Du 15 juin

au 7 août. Dijon, fontaine de Larrey, bord du Canal près de Larrey, cours du Parc, (rempart de Tivoli. — M. *Nodot*).

860. A. HIRTUS. *Herbst.* Commun. Sur les graminées et les feuilles d'arbres, surtout dans les bois. Juin. Dijon, au Parc et dans les fossés du cours du Parc. Gevrey. Chambolle. (Beaune. — MM. *Arias* et *Bourlier*.) (Rouvray. — M. *Emy.*)

861. A. LONGICOLLIS. *F.* Commun. Sur les plantes et les feuilles d'arbres, surtout dans les bois. Juin, juillet. Dijon. Gevrey, bois de la plaine et de la montagne. Etc. (Fauverney, en fauchant, sur les chênes près de la Bayotte. — M. *Nodot.*) (Beaune; rare. — MM. *Arias, Bourlier* et *André.*) (Rouvray. — M. *Emy.*)

862. A. HÆMORRHOIDALIS. *F.* Très-commun. Dans les bois, en fauchant dans les taillis de deux ou trois ans. Mai, juin. Marsannay-la-Côte. Fixin, bois de la montagne et bois de la plaine. Etc. (Beaune. — MM. *Arias* et *André.*) (Rouvray. — M. *Emy.*)

863. A. INUNCTUS. *Panz.* Rare. Dans les saules pourris, en creusant le bois. Avril. (Dijon, bord de l'Ouche, près du moulin Vesson. — M. *Tarnier.*) Quetigny, au bord du ruisseau; moins rare qu'à Dijon. (Rouvray; pas commun. — M. *Emy.*)

864. A. CRASSICOLLIS. *Déj.* Pas commun. Sur les plantes, par terre et dans les bois en fauchant. Fin juin, juillet. Dijon, dans les rues de la ville, par terre, à l'époque où se font les provisions de bois à brûler; rempart de Tivoli et cours du Parc, par terre; barrière au-dessus du débarcadère du chemin de fer. Talant, du côté de Dijon, sur le *Carduus nutans.* Fixin, bois près du chemin de fer.

865. A. VITTATUS. *F.* Commun. Dans les bois, en fauchant dans les jeunes taillis. Mai, juin. Dijon, bord de l'Ouche; avril. Plombières, combe de Neuvon. Flavignerot. Marsannay-la-Côte. (Fixin. — M. *Tarnier.*) Gevrey. Chambolle, etc. (Beaune; rare. — MM. *Arias, Bourlier* et *André.*) (Rouvray. — M. *Emy.*)

866. A. Dilutus. *Kugel.* — Subfuscus. *Gyll.* Rare. Environs de Dijon. (Rouvray. — M. *Emy.*)

867. A. Lugens. *Redt.* Rare. Dans les tilleuls creux et sur le bois mort. Mai, juin. Dijon, cours du Parc et Allée-de-la-Retraite; chantiers de bois à brûler près du bassin du Canal.

CREPIDOPHORUS. *Muls.* — ATHOUS. *Esch.*

868. C. Mutilatus. *Rosenh.* — Foveolatus. *Hampe.* — Anthracinus. *Muls. Opusc. Ent.* 2. Très-rare. Je n'ai trouvé qu'une seule fois cet insecte, au nombre de deux exemplaires, le 14 juin, au Parc, sur le tronc d'un peuplier creux.

CAMPYLUS. *Fisch.*

869. C. Linearis. *F.* Rare. Dans les bois de la plaine sur le saule Marceau, très-rarement dans les bois de montagne. Du 15 mai au 7 juillet. Dijon, au Parc sur du bois coupé; (cours du Parc. — M. *Nodot*). Fixin et Gevrey, bois de la plaine. Epernay. Curley, bois des Liards. Concœur, bois de Mantuan, sur un vieux hêtre creux abattu. (Beaune. — M. *Arias.*) (Rouvray. — M. *Emy.*)

Variété Mesomelas. *F.* Comme le type, mais beaucoup plus rare. Dijon, au Parc, sur du bois mort coupé. Fixin et Gevrey, bois de la plaine. (Rouvray. — M. *Emy.*)

LIMONIUS. *Esch.*

870. L. Nigripes. *Gyll.* Commun. Sur les graminées et dans les bois, en fauchant. Mai. Dijon, fossés du cours du Parc, intérieur du Parc, Combe-aux-Serpents, etc. J'ai aussi trouvé cet insecte le 5 avril, sous une pierre, au bas du mur au nord du clos de Pouilly. Fixin, bois de la montagne et de la plaine. (Beaune. — MM. *Arias* et *Bourlier.*) (Rouvray. — M. *Emy.*)

871. L. Minutus. *Linn*. Pas commun. Dans les tilleuls creux. Du 12 avril au 20 mai. Dijon, cours du Parc et Allée-de-la-Retraite. J'ai aussi obtenu cet insecte d'éclosion; il provenait de tiges de lierre mort rapporté du Parc. (Beaune. — M. *André*.)

872. L. Bructeri. *F*. (Rouvray; très-rare. — M. *Emy*.)

873. L. Bipustulatus. *Linn*. Pas commun. Sur les ombellifères dans les bois et en fauchant, sous les écorces d'arbres morts et abattus, sur le bois mort, quelquefois dans les maisons sur le bois à brûler. Du 3 mai au 8 juin; 24 mars, sous des écorces. Dijon, au Parc, en fauchant sur les fleurs d'*Anthriscus sylvestris*, sur du bois mort empilé, sous des écorces de charmes abattus, sur le mur de la maison du concierge; sur la barrière au-dessus de la gare du chemin de fer; trouvé aussi, en février, dans les maisons sur du bois mis sur le feu. Fixin, bois de la plaine près du chemin de fer. (Pontailler-sur-Saône, dans l'intérieur du bois mort et sous les écorces de chêne; octobre. — M. *Dudrumel*.) (Beaune. — M. *André*.) (Rouvray; rare; sous les mousses. — M. *Emy*.)

J'ai trouvé au Parc et à Fixin une très-jolie variété de cet insecte, dont les élytres sont entièrement d'un rouge testacé; mais cette variété est très-rare. On trouve aussi quelquefois des exemplaires dont la tache humérale disparaît presque complètement.

874. L. Parvulus. *Panz*. — Mus. *Ill*. Très-commun. En fauchant dans les bois sur les jeunes taillis. Mai. Flavignerot. Marsannay-la-Côte. Fixin, bois de la plaine et de la montagne. Gevrey. Chambolle. (Beaune. — MM. *Arias* et *Bourlier*.) (Rouvray. — M. *Emy*.)

CARDIOPHORUS. *Esch*.

875. C. Thoracicus. *F*. Pas commun. Sur le bois à brûler, dans les chantiers, et dans les troncs d'arbres creux. Avril, mai, commencement de juin. Dijon, cours du Parc,

dans les tilleuls ; à Larrey, sur un mur ; dans les maisons, sur le bois à brûler. (Beaune ; sous les écorces de vieux saules. — M. *Arias*. — M. *Bourlier*.) (Rouvray. — M. *Emy*.)

876. C. Rufipes. *F.* (Fauverney ; en fauchant, sur les chènes à la Bayotte ; 15 juin. — M. *Nodot*.) (Rouvray ; pas commun. — M. *Emy*.)

877. C. Rubripes. *Germ.* — Albipes. *Meg*. (Rouvray ; commun. — M. *Emy*.)

ELATER. *Linn.* — AMPEDUS. *Meg*.

878. E. Sanguineus. *Linn.* Pas commun. Dans les bois, sur les fleurs et les feuilles, sous les écorces et dans le bois pourri. Fin février, mars, mai, juillet, septembre. Dijon, au Parc, dans l'intérieur de branches mortes tombées par terre ; près de l'Ile, dans un peuplier pourri. Velars-sur-Ouche, coteau au-dessus de la forge. Gevrey, près du petit étang de Satenay, sur les feuilles d'aulne, dans les souches mortes de cet arbre et sur des piles de bois. Curley, bois des Liards, sur les ombellifères, en fauchant, et sous des écorces de cerisiers morts. (Beaune. — M. *Arias*.) (Rouvray. — M. *Emy*.)

879. E. Lytropterus. *Germ.* (Beaune ; pas commun. — M. *Arias*.)

880. E. Ephippium. *F.* Rare. Dans le bois pourri. Mai, juillet, septembre. Quetigny, dans un saule pourri abattu. (Pontailler-sur-Saône, bois au bord de la Saône, dans le bois mort. — M. *Dudrumel*.) Gevrey, sur des piles de bois d'aulne, près du petit étang de Satenay.

881. E. Praeustus. *F.* Rare. Dans les bois. Du 16 mai au 5 juin. Fixin, bois près du chemin de fer, en fauchant. Gevrey, bois du Chaignot, un seul exemplaire, en fauchant. (Beaune. — M. *Bourlier*.)

882. E. Pomorum. *Geoffr.* — Ferrugatus. *Ziegl.* Pas rare. Dans les saules pourris. Avril à septembre. Dijon, bords de

l'Ouche; fontaine de Larrey, dans les saules, sur les feuilles de cet arbre et au vol le soir. (Beaune. — M. *Bourlier*.)

883. E. Crocatus. *Geoffr.* Pas rare. Comme le précédent. Avril à juillet. Dijon, fontaine de Larrey, saules et peupliers pourris, sur les feuilles des saules, en fauchant sur les herbes au bord de l'eau, et au vol le soir. Quetigny. Gevrey, bord du petit étang de Satenay, sur des piles de bois d'aulne. (Rouvray. — M. *Emy.*)

884. E. Balteatus. *Linn.* (Rouvray; fort rare. — M. *Emy.*)

885. E. Elongatulus. *F.* Assez commun. Sur le saule Marceau dans les bois de la plaine. Mai, juin. Fixin et Gevrey, sur les rejets de saule Marceau, dans les jeunes taillis, et en fauchant; bord du petit étang de Satenay, sur des piles de bois d'aulne. Saint-Nicolas-les-Cîteaux, forêt de Cîteaux, en fauchant. (Rouvray. — M. *Emy.*)

886. E. Megerlei. *Germ.* Très-rare. Deux exemplaires ont été trouvés à l'Allée-de-la-Retraite par M. *Tarnier*, l'été, sur des troncs creux de tilleuls, le soir.

887. E. Brunnicornis. *Germ.* — Æthiops. *Frœlich.* Rare. Dans le bois pourri des tilleuls, sur le bois mort et sous les écorces d'arbres morts. Février, mars, mai, juin, août. Dijon, (Allée-de-la-Retraite, Cours-Fleury, dans le bois pourri des tilleuls. — M. *Dudrumel;* il a également obtenu d'éclosion cet insecte chez lui, après avoir renfermé dans une chambre du bois pourri de tilleul provenant de ces localités); Parc, écorces de charmes abattus; trouvé dans une chambre dans la ville à la fin de l'hiver; il sortait sans doute de vieux bois à brûler mis sur le feu. Curley, bois des Liards, écorces de cerisiers morts.

ISCHNODES. *Germ.* — *AMPEDUS. Meg.*

888. I. Sanguinicollis. *Panz.* J'ai trouvé un seul exemplaire de ce très-rare insecte, à Dijon, au Parc, sur un banc en bois, le 15 mai. Un deuxième exemplaire existe dans la

collection du Muséum de la ville de Dijon ; il provient sans doute aussi des environs de cette ville.

CRYPTOHYPNUS. *Esch.*

889. C. PULCHELLUS. *Linn.* (Dijon , le long de l'Ouche derrière le Parc ; 25 avril. — M. *Nodot.*) (Rouvray ; rare ; sur les sables au bord des ruisseaux. — M. *Emy.*)

890. C. TETRAGRAPHUS. *Germ.* — QUADRIPUSTULATUS. *Payk.* Commun. Dans le sable et sous les détritus au bord de l'eau. Avril, juin, août, novembre. Dijon , bord de l'Ouche au-dessous de Dijon , bord de Suzon. Ahuy, bord de Suzon. (Rouvray. — M. *Emy.*)

891. C. DERMESTOIDES. *Herbst.* — MINIMUS. *Dej.* (Rouvray ; rare ; sous une pierre près du moulin Fricot ; fin avril. — M. *Emy.*)

892. C. LAPIDICOLA. *Westerh.* — EXIGUUS. *Dej.* Un seul exemplaire trouvé dans les environs de Dijon , je crois dans la combe de Neuvon , près Plombières.

893. C. MINUTISSIMUS. *Germ.* Rare. En fauchant dans les bois. 3 et 24 juin. Plombières, combe de Neuvon. Flavignerot , au bas de la combe.

LUDIUS. *Latr.* — STEATODERUS. *Esch.*

894. L. FERRUGINEUS. *Linn.* Assez rare. Sur les feuilles et sur le tronc des saules, sur les troncs creux des peupliers, des tilleuls et des marronniers d'Inde. Du 23 juin au 8 août. Dijon, fontaine de Larrey, bords de l'Ouche sur les saules ; cours du Parc et Allée-de-la-Retraite, dans les tilleuls creux ; rempart du Château, troncs creux des marronniers d'Inde. — M. *Dudrumel.*) (Beaune. — M. *Arias.*)

La variété à prothorax noir a été prise une fois à la fontaine de Larrey par M. *Tarnier.* Elle a été trouvée aussi près de Semur.

CORYMBYTES. *Latr.* — *LUDIUS. Latr.*

895. C. HÆMATODES. *F.* Pas commun. Dans les bois de la plaine, sur le saule Marceau. Du 24 avril au 19 juin. Fixin, bois près du chemin de fer, sur les pousses de saule Marceau et sur la barrière du chemin de fer. Saint-Nicolas-les-Cîteaux, forêt de Cîteaux, sur les saules Marceau, au bord du fossé du chemin de Saint-Nicolas à Nuits et dans un faux chemin dans la partie en futaie de la forêt. Trouvé aussi, mais rarement, à Flavignerot, sur les ombellifères dans le pré de la combe, par MM. *Ch.* et *L. Humbert.* (Semur, autour des arbres fruitiers en fleurs ; avril. — M. *Nodot.*) (Rouvray ; assez commun dès le commencement de la feuillaison des chênes, il voltige à la cime des jeunes cépées. — M. *Emy.*)

896. C. Castaneus. *Linn.* Très-rare. J'ai trouvé une femelle de cet insecte dans la forêt de Cîteaux, près de Saint-Nicolas, sur un saule Marceau, le 19 juin. (Rouvray. — M. *Emy.*)

897. C. Tessellatus. *Linn.* J'ai trouvé un exemplaire de cet insecte le 8 juin, en fauchant dans un petit pré situé entre les bois, au bord de la voie romaine, sur le territoire de la commune de Fénay, et deux autres à Gevrey, au bord du petit étang de Satenay, en fauchant et sur le saule Marceau, le 10 juin. (Rouvray ; pas rare. — M. *Emy.*)

DIACANTHUS. *Latr.* — *LUDIUS. Latr.*

898. D. Holosericeus. *F.* Commun. Dans les bois de la plaine, sur le saule Marceau et en fauchant. Du 24 avril au 30 juin. (Dijon, au Parc, sur l'*Anthriscus sylvestris ;* une seule fois. — M. *Tarnier.*) Fixin et Gevrey, bois de la plaine. Saint-Nicolas-les-Cîteaux, forêt de Cîteaux. (Beaune ; pas commun. — M. *Arias.*) (Rouvray. — M. *Emy.*)

899. D. Metallicus. *Payk.* Pas très-rare. Dans les bois de la plaine, sur le saule Marceau. Du 16 mai au 23 juillet.

Fixin, bois près du chemin de fer. Gevrey, bois de la plaine ; une seule fois en montagne dans le bois du Chaignot. Saint-Nicolas-les-Cîteaux. (Rouvray. — M. *Emy.*)

900. D. Latus. *F.* Commun. Sur les graminées, dans les clairières et sur la lisière des bois de montagne. Du 13 mai au 14 juin. Corcelles-les-Monts, Combe-aux-Serpents et Mont-Afrique. Flavignerot. Marsannay-la-Côte. (Fixin. — M. *Tarnier.*) Gevrey. Chambolle. (Beaune ; sur les fleurs ; printemps et automne. — MM. *Arias* et *Bourlier.*) (Rouvray. — M. *Emy.*)

AGRIOTES. *Esch.*

901. A. Pilosus. *F.* Assez commun. Dans les bois, sur les feuilles, en fauchant et au vol. Du 24 avril au 26 juin. Plombières, combe de Neuvon. Flavignerot. Marsannay-la-Côte. Fixin, bois de la plaine et de la montagne. Gevrey. Chambolle. Reulle-Vergy, bois de Mantuan. (Beaune. — M. *Bourlier.*) (Rouvray. — M. *Emy.*)

902. A. Gallicus. *Dej.* Commun. Sur les ombellifères et autres fleurs. Août. Dijon, au bord des chemins autour de la ville ; chemin de Daix, sur les fleurs de carotte ; etc. (Beaune. — M. *André.*) (Rouvray. — M. *Emy.*)

903. A. Graminicola. *Redt.* — Gilvellus. *Ziegl.* Commun. Sur les fleurs d'yèble et de carotte. Juillet, août. Dijon, au bord du Canal et au bord des prés de l'Ouche vis-à-vis la Combe-aux-Serpents, chemin de Daix et la plupart des petits chemins peu fréquentés autour de la ville. (Beaune. — MM. *Arias* et *André.*) (Rouvray. — M. *Emy.*)

On trouve, aussi communément que le type, les deux variétés de cette espèce ; la première avec les élytres plus ou moins obscures à leur partie postérieure, et la deuxième avec les élytres entièrement obscures.

904. A. Segetis. *Bierk.* Assez commun. Sous les pierres, dans les champs et les prés au bord de l'eau. Fin de l'hiver, printemps. Dijon, bords de Suzon et de l'Ouche. Ahuy.

(Beaune. — MM. *Arias* et *André*. Savigny, près Beaune, Fontaine-Froide, sous des écorces; octobre. — M. *Bourlier*.) (Rouvray. — M. *Emy*.)

905. A. OBSCURUS. *Linn.* — VARIABILIS. *F.* Pas rare. Sous les pierres, dans les prés. Avril, mai. Dijon, prés du bord de l'Ouche, près le moulin Vesson. (Beaune. — MM. *Arias* et *Bourlier*.)

906. A. SPUTATOR. *Linn.* Commun. Sur les fleurs, surtout les ombellifères. Juillet. Environs de Dijon, au bord des chemins dans les lieux cultivés en vigne. (Beaune; pas commun. — MM. *Arias, Bourlier* et *André*.) (Rouvray. — M. *Emy*.)

907. A. RUFULUS. *Dej.* Très-rare. Environs de Dijon.

908. A. FALLAX.... (Rouvray; très-rare. — M. *Emy*.)

SERICOSOMUS. *Serr.*

909. S. FUGAX. *F.* (Rouvray; très-rare. — M. *Emy*.)

DOLOPIUS. *Meg.*

910. D. MARGINATUS. *Linn.* Commun. Dans les bois, en fauchant et sur les ombellifères. Mai, juin. Dijon, au Parc, sur les fleurs de l'*Anthriscus sylvestris*. Plombières, combe de Neuvon. Fixin, bois près du chemin de fer. Saint-Nicolas-les-Cîteaux, forêt de Cîteaux. (Beaune. — MM. *Arias, Bourlier* et *André*.) (Rouvray. — M. *Emy*.)

ADRASTUS. *Meg.*

911. A. PALLENS. *F.* Commun. Dans les bois en fauchant. Mai, juin. Flavignerot. Marsannay-la-Côte, etc. (Beaune.— M. *Bourlier*.) (Rouvray. — M. *Emy*.)

912. A. PUSILLUS. *F.* Commun. Sur les graminées, au bord de l'eau et dans les bois. Juin, juillet. Dijon, fontaine de Larrey, le soir; bords de l'Ouche, le soir, sur les *Dipsacus* et autres plantes, au bord des prés, après la fauchaison.

Chambolle, dans un jardin, sur des noisetiers. Saint-Nicolas-les-Cîteaux, forêt de Cîteaux (Beaune. — MM. *Arias* et *André*.)

913. A. Quadrimaculatus. *F.* (Beaune ; rare. — M. *Arias*.)

914. A. Umbrinus. *Germ.* (Beaune ; pas commun. — M. *Arias*.)

CYPHONES.

ATOPA. *Payk.*

915. A. Cervina. *F.* Pas commune. Dans les bois de montagne, sur le noisetier dans les jeunes taillis, sur les ombellifères et en fauchant ; on le trouve quelquefois noyé dans l'eau retenue par les feuilles des *Dipsacus*. Du 6 juin au 15 juillet. Plombières, combe de Neuvon. Flavignerot. Marsannay-la-Côte. Gevrey. Chambolle. L'Etang-Vergy. Blaisy-Bas.

D'après des observations récentes, la larve de cet insecte vivrait dans les bulbes d'orchidées.

916. A. Cinerea. *F.* Comme la précédente, avec laquelle on la trouve presque toujours, mais plus rarement. J'ai trouvé une fois la *cinerea* accouplée avec la *cervina ;* celle-ci était une femelle. Je suis très-disposé à croire que la *cinerea* n'est qu'une variété du mâle de la *cervina*.

ELODES. *Latr.* — *CYPHON. F.*

917. E. Livida. *F.* Pas rare. Dans les endroits humides près de l'eau. Juin. Plombières, combe de Neuvon. Saint-Nicolas-les-Cîteaux, forêt de Cîteaux. Etc. (Beaune ; été. — — MM. *Arias, Bourlier* et *André*.)

918. E. Variabilis. *Thunb.* — Pubescens. *F.* (Rouvray ; commune. — M. *Emy*.)

919. E. Coarctata. *Payk.* — Grisea. *F.* Commune. Sur les plantes, au bord de l'eau. Juin, juillet, septembre. Dijon, fontaine de Larrey. Fixin, fossés du chemin de fer, près du bois. Gevrey, au-dessus du grand étang de Satenay et sous les détritus dans le bois d'aulnes près du petit étang.

920. E. Serricornis. *Müll.* — Testacea. *Dej.* Très-rare. Dijon, dans l'intérieur du Parc, sur une feuille du lierre qui entourait un gros orme, 29 juin; un exemplaire. Velars-sur-Ouche, près des terres à l'est de la ferme du Fays, au-dessus d'un coteau, en fauchant, sur de jeunes pousses de chêne, dans une coupe en exploitation ; 8 juillet; trois exemplaires.

921. E. Pallida. *F.* Assez commune. Sur les plantes, au bord de l'eau. 20 mai, juin, juillet. (Messigny, vallon de Sainte-Foy. — M. *Nodot.*) Gevrey, au bord des ruisseaux, près des étangs de Satenay. Blaisy-Bas, au bord du ruis-seau, sur le *Nasturtium officinale* et d'autres plantes. (Beaune; pas commun. — MM. *Arias* et *André.*) (Rouvray. — M. *Emy.*)

SCIRTES. Ill.

922. S. Hemisphæricus. *Linn.* Commun. Sur les plantes aquatiques, au bord de l'eau. Fin juin, juillet. Fixin, bois près du chemin de fer, en fauchant; très-abondant au bord des fossés du chemin de fer, sur le saule Marceau, les roseaux, les prêles, etc. Saint-Nicolas-les-Cîteaux. (Beaune. — MM. *Arias* et *Bourlier.*) (Rouvray ; lieux humides ; en automne. — M. *Emy.*)

EUCINETUS. Schüpp. — NYCTEUS. Latr.

923. E. Hæmorrhoidalis. *Germ.* — Hæmorrhous. *Ziegl.* Rare. Sous les pierres. Du 17 mars au 30 avril. Dijon, che-mins entre celui d'Ahuy et celui de Fontaine ; chemin de Daix, au bas d'une haie.

TELEPHORI.

—

LYGISTOPTERUS. *Dej.*

924. L. Sanguineus. *F.* Très-rare. Trouvé à Epernay par M. *J. Saintpère*, le 29 juin, sur un vieux chêne; quatre exemplaires. (Rouvray. — M. *Emy.*)

DICTYOPTERUS. *Latr.*

925. D. Aurora. *F.* Très-rare. Trouvé dans la combe de Flavignerot, le 25 juin, par M. *Ch. Humbert.*

926. D. Minutus. *F.* Très-rare. Trouvé un exemplaire, mort récemment, à Dijon, au Parc, sous la mousse qui recouvrait une souche, au commencement de septembre.

OMALISUS. *Geoffr.*

927. O. Suturalis. *F.* Commun. En fauchant, dans les bois. Du 28 mai au 30 juin. (Messigny, vallon de Sainte-Foy. — M. *Nodot.*) Plombières, combe de Neuvon. Flavignerot. Marsannay, dans la combe et vers le parc de Gouville. Fixin, bois près du chemin de fer. Gevrey. Chambolle. Saint-Nicolas-les-Cîteaux, forêt de Cîteaux. (Rouvray. — M. *Emy.*)

LAMPYRIS. *Linn.*

928. L. Noctiluca. *Linn.* Commune. Tout le monde connaît la femelle, que sa lumière phosphorescente fait aisément découvrir par terre, entre les herbes et les plantes, dans les soirées chaudes de l'été; le mâle, qui n'est pas lumineux, ou seulement quelquefois peu distinctement, se trouve souvent accouplé avec la femelle; si l'on a pris une de ces dernières, il n'y a qu'à la placer dans un endroit

découvert (sur son chapeau, par exemple), et, en la visitant de temps à autre, on trouvera fréquemment des mâles auprès d'elle ; on peut aussi chercher à prendre les mâles au vol, ce qui n'est pas très-facile à cause de l'obscurité ; mais, si l'on se munit d'une lanterne ou si l'on expose une lumière sur une fenêtre, dans une maison de campagne, ces insectes viennent voltiger à l'entour, souvent en grand nombre. Juin et juillet les deux sexes ; août, seulement des femelles. Dijon, bords du Canal, talus des deux routes de Paris, aux Perrières, etc. Talant. Fixin. Chambolle. (Beaune. — M. *Arias*.) (Rouvray. — M. *Emy*.)

Je n'ai jamais trouvé cet insecte pendant le jour ; je ne sais où il se tient caché alors. On ne le rencontre que le soir lorsque l'obscurité est à peu près complète, et la nuit.

La larve se trouve assez communément dans les endroits secs, sous les pierres, presque toute l'année. Cette larve est quelquefois un peu lumineuse, pendant les soirées chaudes d'août et de septembre.

PHOSPHÆNUS. *Lap*. — *GEOPYRIS. Dej*.

929. P. *Hemipterus*. *F*. Pas commun. Par terre sur les chemins la journée, surtout par un temps chaud, lorsque la terre est un peu humide ; on le trouve aussi le soir, mais il est à peine lumineux et par conséquent très-difficile à apercevoir. Du 24 mai au 24 juillet. Dijon, au Parc, sur les chemins autour de la ville, au bord des routes ; je l'ai trouvé une fois, au nombre de plusieurs centaines, le 6 juin, dans les ornières du chemin de Pouilly à Fontaine, entre la route de Langres et Suzon ; presque tous ces insectes étaient noyés dans l'eau de pluie retenue dans les parties profondes de ces ornières. Plombières, combe de Neuvon, en fauchant. Talant, chemin de Dijon. Flavignerot, dans la combe. Marsannay-la-Côte, sur le chemin de Dijon. Chambolle. Gevrey, bord du petit étang de Satenay. (Rouvray. — M. *Emy*.)

J'ai trouvé deux ou trois exemplaires de la larve de cette espèce ; elle est faiblement lumineuse, peut-être même n'est-ce pas en tout temps. Un de ces exemplaires a été trouvé au mois de mai, le soir, près de Marsannay-la-Côte, sur le chemin de Dijon, et un autre à Gevrey, au bord du petit étang de Satenay, sous les détritus.

DRILUS. *Oliv.*

950. D. Flavescens. *F.* Mâle, pas rare. Au bord des chemins, sur les graminées et sur les haies. Du 25 mai au 26 juin. Dijon, fontaine de Larrey, etc. Plombières, combe de Neuvon. Marsannay-la-Côte, dans la combe. (Fixin. — M. *Tarnier.*) (Beaune. — M. *Arias.*) (Rouvray. — M. *Emy.*)

La femelle de cet insecte est aptère, comme celle des *Lampyris ;* elle est excessivement difficile à trouver ; elle vit dans les *Helix.* M. *Tarnier* en a pris une à Fixin.

J'ai trouvé la larve de cette espèce à Dijon, une fois par terre sur la route devant la porte de l'Arquebuse, et une autre fois au bas d'un mur sur le chemin qui va du faubourg Raines à l'Asile des Aliénés ; en août. J'ai également récolté un certain nombre d'exemplaires de cette larve, vers le milieu d'août, au Jardin botanique de Dijon, dans les coquilles de l'*Helix hortensis* (n° 31 du *Catalogue des Mollusques terrestres et fluviatiles du département de la Côte-d'Or,* de M. Barbié), dont elle dévore le mollusque ; j'en ai recueilli dans la même localité au mois d'octobre et au mois de février ; dès la première de ces époques cette larve a atteint tout son développement et habite le fond de la spire de l'*Helix ;* elle y reste immobile tout l'hiver, s'y transforme en nymphe, et l'insecte parfait n'éclot qu'à la fin de mai suivant ou au commencement de juin. J'espère, cette année (1856), obtenir l'éclosion de mes larves, et me procurer ainsi quelques femelles de *Drilus,* que j'ai vainement cherchées depuis que je collige des Coléoptères.

www.ingramcontent.com/pod-product-compliance
Lightning Source LLC
LaVergne TN
LVHW050756200726
843507LV00001B/131